认知黑洞

Cognitive Mistakes

阻碍成功的50个思维陷阱

杨凯文 / 编著

民主与建设出版社
·北京·

© 民主与建设出版社，2024

图书在版编目（CIP）数据

认知黑洞：阻碍成功的50个思维陷阱/杨凯文编著.
北京：民主与建设出版社，2024.10. -- ISBN 978-7-5139-4665-0

I. B848.4-49

中国国家版本馆CIP数据核字第2024KP8620号

认知黑洞：阻碍成功的50个思维陷阱
RENZHI HEIDONG ZUAI CHENGGONG DE 50 GE SIWEI XIANJING

编　　著	杨凯文
责任编辑	刘　芳
封面设计	柏拉图设计
出版发行	民主与建设出版社有限责任公司
电　　话	（010）59417749　59419778
社　　址	北京市朝阳区宏泰东街远洋万和南区伍号公馆4层
邮　　编	100102
印　　刷	北京晨旭印刷厂
版　　次	2024年10月第1版
印　　次	2024年11月第1次印刷
开　　本	880毫米×1230毫米　1/32
印　　张	8.75
字　　数	182千字
书　　号	ISBN 978-7-5139-4665-0
定　　价	58.00元

注：如有印、装质量问题，请与出版社联系。

前言

为什么人们总是做错误的决策？

在生活中人们总是会做出各种各样的错误决策：想要考研的你看到新闻介绍某个专业就业率高，于是毫不犹豫地报考了该专业，经过一段时间的学习却发现自己根本不喜欢这个专业；听到某个区域准备修建地铁站的你赶紧东拼西凑买了一套房，五六年过去了，不仅地铁站没有修建，房价反而下跌了……当回顾自己的生活并思考自己做出的一些糟糕选择时，你会发现自己很容易通过单一现象得出简单的结论，或者因为对事物存在偏见而错过一个很好的机会，甚至犯下一个严重的错误。这与每个人存在的认知偏差有很大的关系。

认知就是人脑获取、处理和使用知识的过程，它包括视觉、听觉、记忆、思考、想象和语言。人类的大脑对接收到的外部信息进行处理、加工，转化为人们内心的思考，指导人们的行动。在这个过程中，由于个人的认知和心理有局限性和偏见，会形成一些偏差，这便是认知偏差。这种偏差会出现在思维、记忆、判断、解释事实、评估风险、价值评价等方面，从而影响人们对实际情况的认识与判断，使人们做出不适当的决定。如何避免这些认知偏差并且正确地做出判断和决策？这便是这本书的意义所在。

著名企业家埃隆·马斯克（Elon Musk）于2021年12月在社交平台上发布了一条包含50个认知偏差的消息，并配了推荐语"Should be taught to all at a young age"，意思是"应该在人年轻的时候就教给他"。这本书便缘起于此。

我根据马斯克的言论，对社会心理学、认知科学、脑科学等领域进行研究和分析，结合生活中的现象及个人经验，用了一年多的时间完成了《认知黑洞：阻碍成功的50个思维陷阱》这本书。

这50个认知偏差包括幸存者偏差、锚定偏差、光环效应、聚光灯效应等，旨在帮助大家更好地理解人类思维的局限性，更加全面地看待问题。

此外，书中还为大家提供了一些实用的技巧，希望帮助大家了解和克服这些认知偏差，并在日常生活和工作中取得更加优异的成绩。

每个人都会受到认知偏差的影响，在决策、选择等行为中尤为明显。人们甚至意识不到自己正在被认知偏差影响，它们如同无形的手，操纵着我们的生活，让我们在不知不觉间走上错误的道路。

我希望这本书能够成为一本实用指南，帮助大家在面临决策和选择时，避免落入认知偏差的陷阱。我也希望通过这本书告诉大家如何避免、克服认知偏差，在面对挑战时做出正确的选择。

目录

01 幸存者偏差：只要向成功人士学习，我也能成功　/001

02 邓宁－克鲁格效应：能力不足的人反而更自信　/007

03 锚定偏差：你的钱包被安排得明明白白　/013

04 框架效应：表达方式左右你的选择　/019

05 沉没成本谬误：你是如何被套牢的　/025

06 从众效应：合群、随大流不一定是对的　/031

07 确认偏差：我不要你觉得，我要我觉得　/037

08 基本归因错误：你对他人的评价或许只是主观臆断　/043

09 群体思维：大家都这么做，我也这么做　/047

10 光环效应：颜值就是正义　/055

11 聚光灯效应：别人没有那么关注你　/059

12 知识的诅咒：这道题有什么困难的　/065

13 公正世界假说：受害者有罪论　/069

14 巴纳姆效应：星座分析太准了　/075

15 可用性级联效应：谎言说一千次就变成了真理　/081

16 错误共识效应：所有人都是这样想的 /085

17 安慰剂效应：我到了医院，疼痛就减轻了 /091

18 刻板印象：东方人都是沉默寡言的 /095

19 权威偏见：专家说的话就是正确的 /101

20 第三人效果：媒体对他人的影响很大 /107

21 谷歌效应：我收藏了，就等于我会了 /113

22 逆火效应：永远不要试图说服一个人 /119

23 自私偏见：功劳归于自己，失败归于他人 /125

24 组内偏爱：人们更愿意相信自己人 /131

25 外群体同质性偏差：圈外人千篇一律，圈内人百里挑一 /135

26 信念偏差：人们很难说服他人 /141

27 防御性归因：人们总是在找借口 /147

28 现状偏见：我很满意当下的生活，不想做出改变 /151

29 阻抗理论：越不让做的事情我越要做 /157

30 赌徒谬误：我下次一定能赢 /163

31 旁观者效应：人们冷眼旁观的原因 /169

32 可得性启发：飞机容易出事故 /173

33 蔡格尼克效应：人们更容易记住未完成的任务 /179

34 零风险偏差：做零风险的事情一定会成功 /183

35 帕金森琐碎法则：简单问题复杂化 /189

目录

36 宜家效应：付出越多，爱恋越深　/195

37 富兰克林效应：被你麻烦过的人最有可能帮助你　/201

38 精神活动过速：在玩游戏时，我感觉时间变慢了　/207

39 自动化系统偏差：自动化可能正在毁掉你　/211

40 暗示感受性：我认为别人说的话都有道理　/217

41 偏见盲点：我对一切事物都没有偏见　/221

42 悲观偏见：这件事一定会变得很糟　/225

43 乐观偏见：我的每一次投资都会成功　/229

44 聚类错觉：为什么倒霉的总是你　/235

45 潜隐记忆：有些事情总是感觉似曾相识　/241

46 虚假记忆：人类的记忆并不完全可靠　/247

47 衰落主义：过去总是美好的，未来总是衰败的　/253

48 道德运气：成功人士一定具有高尚的道德　/257

49 朴素现实主义：只有我自己看到了世界的真相　/261

50 朴素犬儒主义：不要用"为你好"要求他人　/265

参考书目　　/268

01

幸存者偏差：
只要向成功人士学习，我也能成功

人们总是喜欢用成功人士的例子激励自己,并且简单地认为,前人的成功能提高自己成功的概率。然而结果往往并不如人意,人们因此容易产生强烈的心理落差,甚至会一蹶不振。

为什么一部分人看别人成功的例子,就相信自己也会成功?他们很有可能陷入了幸存者偏差的误区。

什么是幸存者偏差

幸存者偏差是指人们在观察一个群体或者样本时,只考虑那些幸存下来的个体或者事物,忽略了被淘汰的个体或者事物,导致在分析过程中产生偏差。

幸存者偏差最初是由美国统计学家亚伯拉罕·瓦尔德(Abraham Wald)在第二次世界大战期间提出的。当时,为了加强对战斗机的防护,军方对平安返航的战斗机机身上的弹痕分布进行了调查。调查发现,机翼的弹痕多,而机尾则很少有弹痕。这表明机翼容易被击中。所以,军方认为,应加强对战斗机机翼的防护。瓦尔德却认为,应该加强对战斗机机尾部分的防护。理由有三点:一是军方的统计样本只涵盖了安全返航的战斗机;二是即使机翼被多次击中,仍可以返航;三是机尾被击中的战斗机无法返航，并且战斗机的发动机在机尾部分。事实证明，瓦尔德的观点是正确的。

幸存者偏差的表现

幸存者偏差在生活中无处不在。无论是在统计学、投资领域，还是在商业分析、数据分析等领域，都能看到这一现象的影子。例如，经济学家研究公司的成功因素，如果只关注成功的公司，忽略失败的公司，得出的结论就会存在很大的误差。失败的公司可能具有一些特殊的因素，或者更值得人们注意的问题。

在投资领域，投资者通常会被幸存者偏差的魔力所吸引，过分关注成功的投资者和他们取得的惊人成果，从而忽略他们背后隐藏的巨大风险和失败的可能。此外，在商业分析领域，分析师往往过于关注成功的案例，而忽略无数失败的案例，容易导致他们在评估产品和服务时过于乐观，对未来的发展形势做出错误的预测。

数据分析领域也容易受到幸存者偏差的影响。数据分析人员往往只关注那些成功的案例，忽视失败的案例，这就导致他们对数据的评估和解读出现偏差，从而对决策产生不良影响。

很多不幸的人可能再也没有说话的机会，而幸运儿口中的信息就成了人们获取信息的唯一渠道，这也是导致错误决策的原因之一。

成功者往往是竞争中优胜劣汰的结果，如果人们只是对成功者进行调查,将过滤后的结果当作在比赛开始前的综合样品分析,就会根据自己看到的、听到的内容对事物做出主观的评价,同时产生一种偏颇的感觉,从而产生决策失误。

幸存者偏差对每个人都有警示作用。在现实生活中,人们把太多的注意力集中在某些成功人士身上,就会认为这些人能够成功,自己也会成功。

如何避免幸存者偏差

1. 让暗数据说话

所谓暗数据,指的是那些被忽略的沉默数据。在如今这个信息高速发展的时代,人们经常认为自己拥有能够做出正确决策所需要的全部信息,自信满满。然而事实上,很多暗数据隐藏在人们的认知之外,导致认知出现各种偏差,得出各种错误结论。比如,本节列举的飞机防护案例。据研究人员观察,成功返航的战斗机的机尾几乎都没有弹痕,机翼处弹痕密集——这是明数据。所以,大多数人觉得应该加固战斗机弹痕密集的部位。

有人会问,那些尾部中弹的战斗机去哪儿了?毋庸置疑,它们已经全部坠毁,无法返航了。这些数据却被人为地忽略了,这些被忽略的数据就是暗数据。所以,瓦尔德坚持应该加固战斗机未中弹的地方。

人们在关注看得见的明数据时,也要关注被忽略的暗数据,因为它能带来较为真实、全面的信息。人们要意识到暗数据的存在,才有机会获得更加全面的认知。

2.建立概率论思维，学会用分析模型预测事件发生的概率

幸存者偏差的本质其实是选择偏倚，即人们在进行统计时忽视了样本的随机性和全面性，以局部样本替代总体随机样本，进而导致对总体的描述出现偏差。

避免幸存者偏差，就要建立系统的分析方法。统计学一般采用贝叶斯公式来消除幸存者偏差。贝叶斯公式如下：

$P(A|B)=P(B|A) \times P(A)/P(B)$

其中，$P(A|B)$ 表示在给定事件 B 发生的条件下，事件 A 发生的概率；$P(B|A)$ 表示在事件 A 发生的条件下事件 B 发生的概率；$P(A)$ 和 $P(B)$ 分别表示事件 A 和事件 B 单独发生的概率。

在面对问题和决策时，人们如果感情用事，用感性做决策，就很容易掉入幸存者偏差的陷阱。想要避免决策错误，就要在事实的基础上进行演绎分析、推理，从而得出正确的结果。

02

邓宁-克鲁格效应：
能力不足的人反而更自信

1995年，一名男子抢劫了美国宾夕法尼亚州的一家银行，警方很快通过监控录像将其逮捕。该男子不禁发问："我明明在脸上涂了柠檬汁，你们怎么还能找到我？"原来，他从新闻中看到，用柠檬汁在纸上写字能让字隐形。于是他天真地认为，如果把柠檬汁涂在脸上，别人就看不到他的脸，他就能躲过摄像头的追踪。

什么是邓宁-克鲁格效应

1999年，美国康奈尔大学的研究人员大卫·邓宁（David Dunning）和贾斯汀·克鲁格（Justin Kruger）针对这一现象进行研究，得出了一些研究成果，他们将研究成果命名为邓宁-克鲁格效应，也称达克效应。邓宁-克鲁格效应是指缺乏能力的人往往会高估自己的能力，无法正确认识到自身的不足，以及自己错误的行为。具体表现为：在未掌握特定领域知识或技能时，人们往往会高估自己的能力。

邓宁-克鲁格效应影响人们的自信

随着知识和经验值的增加，人的自信程度大致经历自信爆棚、自信崩溃、自信重建、自信成熟四个阶段，这四个阶段可以更加具体地说明邓宁-克鲁格效应是如何对人的自信产生影响的。

1. 自信爆棚阶段

在这一阶段，人们对自己的能力及知识不足的情况毫无自知之明。他们可能会表现得过于乐观和自信，认为自己对一切都已了解，实际上他们的能力并不能满足他们的期望。这样的人往往只顾自己，不愿意接受外界的意见和建议。

2. 自信崩溃阶段

在这一阶段，人们的自信心可能会受到打击。作为初学者，人们会意识到自己对很多内容缺乏了解，信心会受到打击，甚至陷入绝望的境地。这一阶段是个人成长的必要环节，尽管过程比较痛苦，却是帮助人们进入下一个阶段的关键。

3. 自信重建阶段

随着知识和技能的不断积累，人们逐渐变得自信，能够对自己所学领域的事物进行全面的判断和评价。这是因为，经过自信崩溃阶段后，人们开始吸收新的认知和方法，积极尝试和探索。一旦意识到自己对某一领域有所了解，就会重塑自信，在工作和生活中也能获得正向反馈，形成良性循环。这一阶段是人们的意识攀上开悟之坡的关键。

4. 自信成熟阶段

当人们在某个领域内充分地学习并有了丰富的经历时，

他们的能力和知识已经深入到他们的潜意识中。在这一阶段，人们无须想太多，而是自然而然地表现自己。

在评估自己和他人的时候，人们会先想到"自己怎么样"，用自己的信息作为标准来判断他人。由于每个人的评估标准不同，人们可能会产生一种自己很强大的错觉：在自己相对薄弱的方面，人们对于他人的真实实力是缺乏认识和了解的，自己的实力越弱，就越不会轻易地了解比自己强大的人，因此，大多数人不会意识到别人有很多优点和长处。例如，有人在台上演讲，你会认为这是一件很容易的事情，但是到你演讲时，你会感到非常紧张，甚至忘记要讲的内容；或者一个水平不高的医生认为自己医术高超，结果很有可能让一些病人成了医生盲目自信的受害者。

上述四个阶段旨在提醒人们，在认知和评价自己的能力时，不仅要有充足的知识和经验，还要意识到自己的潜在局限，不断提高自己的认知水平，才有不断发展的机会及成长的空间。

怎样避免邓宁－克鲁格效应带来的不良影响

1. 学会自我批判，告别"迷之自信"

很多人容易用经验做决定。很多看似相近的决定，往往因为产生的时间节点和条件不同，导致决定失误或造成巨大的损失。人们一旦养成不加思考的习惯，认为自己的经验无懈可击，就容易陷入邓宁－克鲁格效应，也会因为自我认知失调，产生盲目自信，导致原地踏步，无法突破。

要想摆脱邓宁－克鲁格效应，就要学会自我批判。比如，当你与他人产生分歧时，你可以用批判性思维思考以下三个问题：

第一，我的思路是如何形成的？

第二，我的思路跟他人的思路有哪些不同点？

第三，他人的思路成立需要什么条件？

相信在思考这三个问题之后，你会有所感悟，同时也能渐渐养成一种帮助自己看清事情发展本质的思维。

要想摆脱邓宁-克鲁格效应，就要立足当下思考如何解决问题。如果是自己的观点出现问题，就要找出问题的根源，分析原因，做出改进。

2. 保持空杯心态，理性分析问题

人们往往因为一些成绩就忘乎所以，这种骄傲情绪不断积累，让人更容易受到邓宁-克鲁格效应的干扰。比如，在完成一项工作后，即使得到别人的表扬，也要及时总结成功经验，思考是否仍存在改进的地方，以及如何改进，避免产生不必要的问题，从而取得更大的成就。

俗话说，人外有人，天外有天。要保持空杯心态，时刻把自己放在正确的位置，尽量减少以往成就对自己的干扰，从而做出正确的判断。

3. 不断提升自我认知水平

人贵有自知之明，要从不同角度评估自己的能力水平，例如技能、知识、经验和成就等。做到客观、公正，不要过于自信，多与他人交流和学习，取长补短，勇于接受他人的反馈和批评，勿因盲目自信拒绝别人的建议。

03

锚定偏差：
你的钱包被安排得明明白白

许多人都有购买电脑的经历。一般情况下，电脑会有低档配置、中档配置、高档配置、超高档配置四种选项，它们的价格通常是这样设定的：中档配置与低档配置的价格相差并不多，高档配置的价格会比低档配置、中档配置的价格高出很多，超高档配置的价格更是远远高于其他三种配置的价格。

你的首选是什么？我猜大多数人都会选择中档配置的电脑。理由是：如果没有特殊要求，那么中档配置的电脑是可以满足大部分消费者的需求的。所以大多数人自然首选中档配置的电脑。这说明，人们对于事物的考虑并不完全在乎其价值，与其类似可相比较的事物性能、价值也在他们的考虑范围之内。正因为如此，产生了很多人为操纵对比的技巧，即锚定偏差。

什么是锚定偏差

锚定偏差首次在1958年的一项研究中出现。当时，研究人员正在进行一项关于让参与者估计物体重量的实验，他们用"锚"这一词语描述一个具有极端重量的存在如何对其他物体的判断产生影响。20世纪60年代后期，锚定偏差被概念化为影响决策的偏见，直到20世纪70年代，丹尼尔·卡尼曼（Daniel Kahneman）和阿莫斯·特沃斯基（Amos Tversky）才提出锚定和调整假说。

锚定偏差是指在决策或评估过程中受到先前提供的信息（锚定值）的影响，从而导致对结果的判断产生偏差。这一情况通常在人们需要数值估计或评估某种情况时出现。当面对未知的问题或数据时，人们倾向用已知的锚定值作为参考，然后根据锚定值进行调整，得出评估结果。

然而，该调整通常是不完全合理或不准确的。锚定偏差会限制人们的思维和判断，使得人们无法充分考虑其他可能性或信息来源。人们常常容易被锚定值误导，容易忽视其他相关的信息或因素，从而导致决策结果的偏差。

锚定偏差的应用场景

锚定偏差经常应用于销售场景。比如，你准备买一套房子，销售员通常先带你看价格高，但位置、装修一般的房子，之后才会带你去看其他的房子。通过比较，你能感受到所谓的性价比。

诸如此类的例子还有很多。你在星巴克发现在柜台的最显著位置摆放不少矿泉水，标价22元一瓶。人们大概不会花22元买一瓶矿泉水。的确，星巴克的矿泉水一年的销量并不高。然而，为什么卖不出去的东西要一直摆在店铺最为明显的地方？这就是星巴克的精明之处。星巴克咖啡的定价一般在30元到50元之间，而一瓶矿泉水的定价是22元，和矿泉水的价格进行比较，一杯咖啡的价格似乎就没有那么贵了。矿泉水扮演的就是"锚"的角色。

快餐店的"买一送一"活动、健身房推出的会员卡"办一送一"优惠、商场的限时抢购等活动，都是利用锚定偏差做出的营销策略。

人们一旦被固定在一个特定的数字或计划上，最终会通过最初在头脑中搭建的框架过滤掉所有的新信息。这种做法有时候会扭曲人们的认知，使其不愿意对计划做出重大改变。所以，也就不难理解为什么有的人明知某事是陷阱还要往里跳了。

怎样避免锚定偏差产生的不良影响

1. 多加思考

遇到需要做决策的情况，不要立即接受对方给出的数字、信息等锚点，而要思考是否还有其他参考信息，以及这些信息是否符合你自己的情况。比如，购物平台直播间的主播喜欢用限时抢购制造紧迫感。在争分夺秒的环境下，观众的脑子里都是主播强调的"巨大"优惠。这时，先不要着急付款，而要考虑这些产品是否真的优惠，自己是否真的需要。

2. 审视信息来源

要审视锚点的信息来源，以及来源是否独立、可靠。世界上有很多不同的观点，应该在多个来源中寻找信息，而不应仅仅根据单一的信息来源做决策。比如，在网上查找相关资料、和朋友或家人交谈、咨询专业人士等。

3. 选择新的锚定值

在无法避免锚定偏差的情况下，可以选择新的锚定值。选出一个与原问题无关但有一定参考价值的数值和其他数值对比，尽量避免原锚点对判断的影响。

以考虑价格为例。你可以选择比本身跨度大的参照物，如将 100 元和 500 元进行比较，而不是将 100 元和 120 元进行比较，这会有助于减少起始锚点对你的影响。

04

框架效应：
表达方式左右你的选择

你到超市买消毒湿巾，发现正好有 A 款和 B 款两款消毒湿巾同时打折。两款消毒湿巾的价格相同、规格相同，数量也相同，唯一区别是宣传语：A 款声称能杀死 95% 的病菌，B 款湿巾则说只有 5% 的病菌能够存活。你会购买哪款湿巾？

我相信很多人会选择 A 款湿巾，尽管这两款湿巾在实际效果上没有任何区别。

为什么同样的东西，换个说法会产生截然相反的结果呢？这就是框架效应在影响人们的选择。

什么是框架效应

框架效应是指人们在做决策时受到问题表述或信息呈现方式的影响，从而做出不同选择。具体来说，当同样的信息以不同的方式呈现时，人们往往根据问题的表述方式或信息的呈现形式进行判断和决策，忽视问题本身的内在属性，导致人们做出不符合逻辑的决策或评估。

框架效应的经典例子是"正面框架效应"和"负面框架效应"。当同样的信息以积极的方式呈现时，人们往往倾向于支持或接受该信息；当同样的信息以消极的方式呈现时，人们倾向于拒绝或否定该信息。这说明人们对于信息的表述方式较为敏感，并在决策中受到其影响。

此外，框架效应还通过引导注意力、制造对比、调整参照点等方式达到影响人们决策的目的。

由于基于框架效应的决策是通过关注信息的呈现方式做出的，不是根据信息本身做出的决策，所以该决策可能不是最优解。因为较差的选项可以被放置在一个更有利的框架中——它们看上去会比那些实际更好，但被放在不太有利的框架中的选项更有吸引力。

框架效应的应用

框架效应有时候也会影响人们的思考和行为。

比如，"双11"活动平台上的商家就是使用框架效应的高手。"仅此一天""最后1小时""最后50件"等描述，都是框架效应的表述方式，它们会让你产生"过了这村就没这店"的错觉，所以要赶紧付款。而"买一赠一""买三送一""购物返券""红包奖励"等方式，则让你产生占便宜的错觉——如果现在不买，好不容易抢到的红包、购物券就浪费了。

框架效应为什么会让人们做出错误决定

1. 损失厌恶对框架效应的影响

人们通常会对潜在的收益有过高的期望，也会过分担心可能出现的损失，这种心理现象被称为损失厌恶，这表明人们对避免损失的重视。

对于大多数人来说,在获取收益时,他们偏向风险规避;在面临损失时,他们又倾向风险偏好,且对损失的敏感度超过了对收益的敏感度。比如,企业对准时上班的员工奖励50元,对迟到的员工罚款50元,这两种做法产生的效果是完全不同的:被罚款的员工会较为沮丧。这是因为相较于收获的喜悦,人们在遭受损失时所体会的痛苦往往更为强烈。

2. 心理账户的存在

心理账户的存在让人们进行决策时,往往伴随着一些不够理性的行为产生。

例如,你决定在周三晚上看一场票价为600元的演唱会,在买票之前恰好丢了600元,此时你还会选择看演唱会吗?一些人的回答是仍然去看。假想另一种情况,你买完票之后不小心弄丢了票,还会选择重新买票吗?大多数人表示不愿意重新买票。

尽管对于消费者来说这两种情况的金钱损失量是一样的,却产生了不同的结果,原因在于消费者会在心里把金钱分成不同的类别,用以区分金钱的来源和使用方式。经济学账户中的钱是等量的,但是数值的概念是可以代替的。消费者的心理账户中每一分钱都有其来源和用途,一笔意外之财与消费者辛辛苦苦挣得的钱归属的账户是不同的,意外之财更容易被消费。所以,心理账户是影响人们在相同的条件下做出不同决策的原因之一。

框架效应的类型

框架效应主要有三种类型。

1. 属性框架

当一个事物的关键属性被贴上正面标签时,人们会对它做出更高的评价。比如"双11"促销活动中的正面标签:"实惠""百亿补贴"等。

2. 目标框架

当某种信息被贴上存在潜在损失的标签时,该信息会对人们有更大的说服力,大多数人因为厌恶损失而愿意尽量避免损失,而不是获得收益。比如,在购物时,同样是支出88元,比起买80元的商品需要支付8元的运费,大多数人更愿意选择"凑单免运费",原因在于人们将需要额外支付的运费当成了不必要的损失。

3. 风险选择框架

相比可能实现有利结果的方案,人们更倾向于选择可以避免不利结果的方案;相比正面框架内的结果,人们更愿意在有风险的框架结果下承担风险。

比如,"双11"促销活动有定金预售的规则。消费者如果在支付定金后取消订单,会面临取消订单带来的风险——损失定金;如果不取消订单,按时付清尾款,就会享受优惠。因此,消费者在避免损失的框架下,更倾向于选择"定金预售",尽量不取消订单。

怎样减少框架效应产生的消极影响

1. 学会深思熟虑

人们把参与度看作自己对特定问题的投入程度。相关研究发现，参与度较高的人受框架效应的影响较小。原因是，和对特定问题参与度低的人相比，参与度高的人更有动力获取和处理与该问题相关的信息，所以，受框架效应的影响相对较小。

在做决策前，人们应该仔细思考和特定问题密切相关的各项选择，加深对该问题的了解，以便消除或减弱框架效应产生的消极影响。更为具体的办法是，仔细思考自己做出某一项选择的理由。人们在真正开始思考为什么做出这种选择时，才有可能意识到这一选择是否受到该选项呈现方式的影响。

2. 用第二语言思考

你如果掌握了第二语言，那么可以尝试在决策的过程中用第二语言思考。

研究发现，当人们在使用第二语言思考时，框架效应的影响可能会消失。研究人员的解释是，和使用母语相比，使用第二语言会为使用者提供更多的认知和更大的情感距离，所以思考和决策更为全面化、系统化。

05

沉没成本谬误：
你是如何被套牢的

你是否遇到过下面这种情况：你在几周前花 500 元买了一张自己偶像的演唱会门票。演唱会那天，你突然感到身体不适，恰巧外面正在下雨。在知道下雨天可能会堵车且身体不适的情况下，你仍然选择前往演唱会的现场。

你在公交站等了 20 分钟，公交车却迟迟不来。此时，你想打一辆出租车前往演唱会现场，突然转念一想，如果打车，那么之前等待公交车的 20 分钟岂不是白白浪费了？于是，你选择继续等待公交车。

这一现象在行为决策理论中被称为沉没成本谬误。

什么是沉没成本谬误

沉没成本谬误是指在决策判断时忽视备选方案的当前特征，而更多考虑此前投入成本的心理定式。

从经济角度讲，沉没成本是已经发生且无法收回的成本。比如本节开头的例子，无论你是否参加演唱会，购买门票的 500 元都不会回到你的手中。

沉没成本谬误不仅影响个人的日常决策，也影响政府和公司的决策。

1956年，英国成立的超声速运输飞机委员会计划建造一架超声速协和式飞机。法、英两国的发动机制造商及政府参与了该项目，预计耗资巨大。其实，早在项目结束之前，成本就一直不断增加，即使飞机投入使用，也无法抵销这些成本。而制造商和政府投入了大量的时间和资金，不得不继续进行该项目。尽管飞机研发成功，却因其噪声大、污染大等缺陷，无法得到市场认可，最终被市场淘汰。法、英两国及其制造商蒙受了巨大的损失。

如果在研发过程中发现问题并及时止损，就会减少损失，然而他们没有这样做。

该案例说明，无论该项目是否被放弃，沉没成本都永远无法收回。

沉没成本谬误是一个恶性循环。比如，近年来频发的刷单兼职诈骗就利用了受骗者的这一心理。无数案例表明，受骗者往往都是有了钱财的投入，在后面意识到被骗，因为想要回本金，反而被骗得更多。骗子的惯用伎俩是：第一单，你要投入300元，之后退300元并返30元，即你能赚30元；第二单，投入1000元，返100元；有了成功经验，绝大多数人会继续，然后骗子告诉你，这回要刷三单，完成一组才可以返钱；你想放弃，骗子告诉你，放弃就意味着任务失败，本金无法返还，同时诱惑你，只要再刷2000元，将连本带利一起返还；你好不容易完成了一组，骗子却说，你仍有尚未完成的任务，因为系统的设置是必须完成三组任务，或者用其他理由告知你无法收回本金。总之，骗子要求你不断投入更多的资金。有人好心提醒，你不但不接受，反而驳诉对方。很多受骗者直到被骗子拉黑才接受自己被骗的事实。

沉没成本谬误与承诺偏差、损失厌恶的关联

沉没成本谬误和承诺偏差之间存在关联。承诺偏差是指人们倾向于支持自己过去的决定，即使有证据表明该决定并不是最佳的行动方案。同样，人们没有意识到已经花费的任何金钱、努力或时间是无法收回的。因此，人们会根据过去的成本而不是现在和未来的成本和收益做出决策。

损失厌恶和沉没成本谬误类似。损失厌恶是指人们面对同样数量的收益和损失时，损失的难过程度会加倍。它反映了人们对风险的态度并不是一致的，当涉及收益时，人们表现为风险厌恶；当涉及损失时，人们则表现为风险偏好。许多人会这样认为：如果不坚持自己的决定，自己之前的投资就会付之东流。正因为如此，人们就会在损失厌恶的基础之上做出下一步的决定，而不是考虑做这件事最初的目的。这也是人被套牢的原因之一。

怎样降低沉没成本谬误带来的损失

1. 学会及时止损

人生不如意事十之八九，入错行、用错功、爱错人……遇到这些情况，要学会放手，不要一条道走到黑。很多人担心自己在前期付出很多，一旦中断就会前功尽弃，也害怕重新出发，

所以不得不硬着头皮做下去。这些做法的结果往往不能令自己满意，遭受的损失也比较大。

及时止损，是对自己最基本的尊重。敢于放弃，懂得及时止损，才能拥有更好的生活。

2. 在做决策之前充分收集相关信息

沉没成本很难避免，因为人们经常根据自己的经验做决定，这些基于自身的情感和认知的积累，不利于人们掌握全面的信息，对于决策的指导意义有限，甚至会导致人们做出错误的决定。因此，人们要先对信息去伪存真，通过分析、综合形成理性的认知，再做决定。

3. 从全局看问题

如果一个人的决策意见仅仅基于其过往的投入和经验，他可能无法看到整个事物的全貌。因此，无论从事何种活动，都要坚持站在整体的角度进行思考，从而全面把握整体，抓住问题的关键。

06

从众效应：
合群、随大流不一定是对的

你是否有如下的经历：在一家餐馆里，你正在为是否尝试该餐馆的招牌菜犹豫不决，突然看到大多数客人都在品尝餐馆的招牌菜，于是，你也选择品尝招牌菜。

在一个环境中，为了不成为另类，你可能会做出与本意相反的决策。为什么会出现这种情况？因为你受了从众效应的影响。

什么是从众效应

从众效应是指个体在群体中由于社会压力，或者为了避免被排斥、孤立、批评，倾向于与群体中大多数人持相同观点、态度或行为。其主要表现为：个人倾向于模仿或跟随他人的行为、态度和信念，以达到一种群体认同感，也就是人们所说的"随大流"。

从众效应在社会生活中普遍存在，它可能导致信息传递的失真，阻碍个体的独立思考和创新行为，也可能导致盲目从众和错误决策的出现。

1950年，美国心理学家所罗门·阿希（Solomon E. Asch）做了一项和从众效应有关的实验。在实验中，多个被试者被分成几组，每一组安排一个被试者和几个假被试者。研究者分别交给被试者两张卡片 A 和 B，A 卡片上印有一条线段，B 卡片上印有三条线段。研究者要求被试者按照自己的想法，判断出 A 卡片中线段的长度与 B 卡片中的哪条线段长度相等。结果显示，当被试者的选择和假被试者的选择不同时，许多被试者会不自觉地随着假被试者的选择改变自己的答案，甚至宁愿放弃正确答案，也不愿意与众不同。

这一实验证实了人们会被周围的人影响。

从众效应在日常生活中的表现

类似事件每天都在上演。尤其是在网络信息快速传播、各种信息真假难辨的今天，很多人缺乏辨别真假的能力，选择"随大流"。人们的情绪和判断一旦被各种观点和判断牵着鼻子走，就有沦为别有用心之人的舆论工具和帮凶的风险。

社会上十分流行通过炒作来快速提升知名度，进而达到名利双收的目的。大众的特点就是舆论一"炒"就跟着"热"，殊不知自己已经成为被操纵被洗脑的"羔羊"。

从众效应的成因

人们从众的原因大致有三种。

1. 渴望正确

他人是有价值的信息来源。如果你的意见与别人相差太大，你往往会感到不适。当面对采取一致意见的多数人时，人们有时会认为自己的观点存在错误。

例如,在课堂上,多数人的答案趋于一致,只有少数人有不同的答案。这时,这些人可能也会认为大多数人的答案是正确的,开始质疑自己,并倾向于选择与他们一样的答案。

2. 渴望被接受与喜欢

人们有时可以采用支持群体的规范或态度获得认可,从而巩固自己的立场。为了避免被群体排除在外,很多人认同了所处群体的行为或想法。与他人言行一致确实在一定程度上确保了自己被群体包容,比较容易被接受。

尽管有时人们想坚持自己的观点,但是为了能被大多数人接受,最终选择大多数人的观点。通过从众,人们可以表达自身与群体的相似性及思想上的亲近关系,用来保证自己在团体中的地位。

3. 人们希望站在正确的一方

广泛的社会群体或多数人的想法通常被视为正确的,并随后被采用。这可能是潜意识的选择,人们可能不会故意接受大多数人的意见,而是想站在正确的一方。

从众效应的类型

从众效应主要分为三种类型。

1. 信息性从众

个体缺乏关于特定情况的信息,会倾向于参考他人的意见或行为做出决策。这是一种基于信息不足的从众行为。

2. 规范性从众

当个体与群体价值观、规范或期望不一致时,个体会受到来自群体的社会压力,在这一情况下,倾向于与群体中的主流观点和行为一致,以避免自己被排斥或孤立。

3. 身份性从众

个体为了维护自己的社会认同和身份,在观点和行为上与群体保持一致,以避免被认为是异类或叛逆者。

怎样避免从众心理,做出自己真正的选择

1. 深入思考

应以理性、公正的视角洞察表象背后的实质。例如,在消费决策之前,我们应扪心自问:此产品真的效果非凡?自己是否真正需要?

他人的观点难免会对自己产生影响,我们要学会独立分析所接触的信息,保持思维清晰,深入探究一种观点或一件事背后的深层原因,而不是轻易地接纳群体的看法。

保持头脑清醒。很多时候,流行和热捧的事物如同一阵风,来得快,去得也快。很多被人们一时疯狂追逐的事物,往往过不了多久就被新的流行事物取代,并逐渐被人们所淡忘。因此,我们要保持头脑清醒,不要盲目跟风。

2. 自我评估

要认识自己的态度和价值观,以此为基础得出独立、创新的观点。同时不被潮流裹挟,尤其是在做重要决策之前,要认真思考自己的想法和计划,关注自己内心的标准和原则。

3. 甄别媒体信息

要对接收的媒体信息保持警觉,甄别事实和信息,不能

盲目地跟随某一方的观点。如果把所有的媒体信息都当作真实的信息，就很容易被误导。比如，一些自媒体为了博得流量，吸引观众的眼球，就故意捏造虚假消息，让许多不明真相的人对此信以为真。

当我们对各种信息进行判断时，最重要的就是要看其是否真实和客观。如果不具备这两点特征，其很有可能是虚假的或带有误导性的信息。

07

确认偏差：
我不要你觉得，我要我觉得

我们基本上都听过这个故事：一个人丢失了一把斧头，他怀疑是邻居家孩子偷的。由此，孩子的一言一行、一举一动，在他看来，无一不像是偷斧子的。后来，他在翻动谷堆时找到了斧子。他再次仔细观察邻居家孩子的言行举止，发现孩子竟没有一处举动像偷斧子的。

为什么人们都偏爱自己现有的信念？这和确认偏差有密切的关系。

什么是确认偏差

确认偏差是指人们往往更愿意接受那些与自己已有信念和观点相符的事实和信息，对相反的信息和事实则容易产生怀疑。简而言之，人们习惯看见自己想看见的，相信自己愿意相信的。

确认偏差容易导致人们做出错误的决定，原因在于它降低了信息的真实性。通常情况下，人们倾向于寻求个人认同现有的信息或信念，并赋予可以证实其正确的具有更大价值的证据，而不去接受新的正确的信念。所以，确认偏差往往导致人们思维停滞不前，不容易接受新的观点和观念，对解决问题、产生创新思维造成阻碍。

1979年，美国斯坦福大学的研究人员进行了一项关于确认偏差的心理研究，该研究的参与者分别由支持死刑和反对死刑的两组本校本科生组成。

研究人员向参与者提供了两项研究：一项研究支持"死刑可以阻止犯罪"，另一项研究则支持"死刑对人口的总体犯罪率没有明显影响"。尽管这两项研究是由研究人员编造的，但它们都提供了看上去能够"令人信服"的客观统计数据。

研究人员发现，面对支持死刑的证据和反对死刑的证据，两组参与者都表示更加坚持自己的原始立场。他们双方都认为，能够强化自身立场的证据更加有力，对这些证据的反驳是软弱无力的。

这项研究表明，人们更看重能够支持自己观点的论据。

确认偏差的表现

确认偏差现象是非常普遍的，它是大脑在处理信息过程中采取的一种便捷、省力的方式。或许这与人类正确的共同愿望有关。在群体中生活的人，如果大家有相同的愿景，在一定程度上就会避免一些尴尬出现。

在现实的工作和生活中，确认偏差的事例比比皆是。例如，你反感一个人，就会试图在他身上找出许多让你讨厌的理由；你喜欢一个人，就会更多关注他的优点，并以此佐证自己喜欢他的原因。一个投资者进行股票投资,经过一段时间，他在股市中赚到不少钱,所以他坚信自己具有高超的投资技巧、丰富的投资经验,自己做出的每一项投资决策都是正确的,是"天生的投资者"。于是,他只关注与自己理念相符的投资信息,忽略与自己理念不符的信息,致使他在后面的股票交易中损失惨重。

确认偏差产生的原因

1. 规避错误和风险

人人都偏好确定性,倾向于规避错误。虽然确认偏差会造成一定的刻板印象,但是它在人们以往的认知和经验中,具有某种真理性。很多时候,人们为了避免错误和不确定的风险出现,即使知道自己容易受到确认偏差的干扰,也不愿意做出改变。比如,在招聘时,用人单位倾向于招聘学历高的、名校毕业的求职者。他们认为,学历高且名校毕业代表着较强的工作能力。尽管这种观点是片面的,他们还是不愿意冒着风险做出相应的改变。

2. 对信息的牵强附会

为了佐证自身观点,人们往往将模棱两可的信息解释为可证实现有观点的有力论证,并过度夸大它们之间的关联性,得出错误的结论。

3. 接受信息过于片面

受环境影响,人们只能接受一些片面、狭隘的信息,无法多角度地看待问题。一旦根据极其有限的信息为选择和判断提供依据,就很容易使人管中窥豹、盲人摸象,从而产生确认偏差。

怎样克服确认偏差产生的不良影响

1. 积极寻找不同的观点和信息

面对某个问题或观点,人们要保持开放的心态,尽量接触不同的看法和观点,而不是一味地接受符合自己想法的观点。要通过接触多方面的信息,拓宽自己的视野,避免陷入确认偏差的陷阱。

2. 客观地评估信息

在评估信息时,要保持谨慎的态度,尽量从客观、中立的角度理解信息,避免受到主观情感和偏见的干扰。同时,应该注意到,信息的来源和质量也会影响自己对信息的判断。

3. 反思和审视自己的思考过程

要时刻保持警觉;避免心理暗示产生的确认偏差,尝试从不同的角度看待问题,以便获得全面的认识。

4. 运用多元思维,尝试换位思考

在提出某种观点时,人们可以通过权衡各种可能的假设及论据之间的关系,达到减少确认偏差的目的。在与他人持不同意见时,人们也可以尝试从对方的角度思考问题,以便发现自己的观点存在的问题。

5. 避免直觉决策

要学会理性分析,不要凭感觉做决定。比如,一些人在买车、投资时,经常会跟着感觉走,很少会对详细的资料或数据做细致的分析，以致决策出现失误。

6. 主动学习知识

当前，我们身处信息爆炸的时代，要尝试冲出信息茧房，学会主动学习知识，而不是被动等待。

08

基本归因错误:
你对他人的评价或许只是主观臆断

在生活工作中，人们很容易受到主观臆断的影响。比如，员工在工作中犯了错误，管理者立即批评和惩罚。他们认为，员工的问题是导致错误的原因，却忽略了员工缺乏必要的培训和指导，或者任务安排不合理等外部因素。

学生考试成绩优秀，教师可能将原因归于学生的聪明才智和勤奋程度。实际上，学生的家庭环境、教师的授课水平、班级的学习氛围，甚至社会环境都会影响他们的成绩。

为什么人们容易对他人产生主观臆断？这和基本归因错误有较大的关系。

什么是基本归因错误

基本归因错误是指人们过度强调他人的个人特质或内部因素，缺乏对环境和外部因素的考虑。换句话说，人们通常认为，一个人违反规则是他的性格、态度等内在因素造成的，至于他的家庭条件、经济状况、外部压力等其他外部因素似乎与他无关。比如，有人在工作中表现不佳，领导可能认为他懒惰、缺乏能力，而没有考虑到他是否遇到了困难，或者受到压力以及其他外在因素的制约。在生活中，人人都想扮演心理学家的角色,试图弄清他人做出某一行为的动机,并依据此动机采取下一步行动。基本归因错误可能导致人们对他人及其行为做出错误的判断,这不利于人际关系的良好发展,并有可能给自己造成负面影响。

基本归因错误产生的原因

1. 认知捷径

人类大脑的认知捷径是产生基本归因错误的主要原因之一。从某种角度来看,基本归因错误能够提高人们的思维效率,即大脑如果能在短时间内找到事件的成因,即使这一事件的成因可能是错误的,大脑也会抓住这个机会。所以,人们就更容易记住那些具有代表性的信息,忽视那些较为抽象和复杂的信息,愿意用简单的语言解释复杂的现象。这也能更好地解释为什么人们往往将他人的行为归因于其性格等内部因素,而不是外部因素了。

人类大脑要客观全面地分析一件事的成因难度很大——人们既没有掌握与此事相关的全部详细信息,也没有处理这些信息的能力,通常大脑在混乱的局面中选择一条捷径,即把个人的行为归咎于做出该行为的人。可见,要把一个人的行为归咎于外部因素并不容易,毕竟外部因素是无限的,而且往往是看不见的。

2. 文化及社会环境的影响

文化和社会环境也会对人们的思维方式产生影响。在一些文化中,个人主义比较盛行,人们更容易将个人的行为归因于其性格和意图。而在一些以集体主义为主的文化中，人们更容易将行为归因于外部因素的影响，如家庭、团队、社会。

怎样避免基本归因错误产生的不良影响

1. 关注外部情境的影响

不能仅凭一个人的某一种行为就对此人做出整体评价，还要考虑其行为发生的外部情境。人们比想象的更容易犯错，特别是在互联网时代，一旦预设了一个观点，几乎无须担忧找不到相应的"证据"。人在情绪失控时往往容易做出错误的决定，因此，要避免在情绪失控的情况下做决定。

在评估他人的行为时，要尽可能多地考虑外部环境因素的影响，如任务难度、时间限制、社会文化等，以避免将问题过于简单化。

2. 多元思考

多元思考就是发散自己的思维，多角度、多维度地观察和解读各种现象，而不是只从一个方向出发。过于坚持己见，难以窥见全貌，学会从不同的角度思考问题，才能了解同一件事可以有多种不同的解释。寻找更多的信息，可以降低主观判断的风险，避免在评估他人时产生偏见和误解。

3. 正确认识自己的偏见

认识自己的偏见，是思维进步的基础。要正确认识自己的偏见，就要尽量客观分析事实，不要歪曲事实。过度自负的人是很难进步的。只有虚心谦逊，对外部环境保持敏感，及时纠正自己的偏见和不足，才能不断充实、完善自我。

09

群体思维:
大家都这么做,我也这么做

你可能看到过媒体对"杀猪盘""传销"等骗局的报道，会认为这么拙劣的骗术居然还有人上当。但是，对于这些被骗者来说，他们是无法摆脱洗脑骗局的，即使亲朋好友百般劝说，他们还是会上当。

这是什么原因造成的？这与群体思维有一定的关系。

什么是群体思维

群体思维是指凝聚力很强的群体的成员从众倾向显著，他们在群体决策中过分追求一致，从而阻碍不同意见的发表和问题分析解决的思维方式。

在群体思维的作用下，群体的评判标准、观念尺度等会影响个体的独立性和创造性，从而干扰个体的思考、判断和决策。在这些过程中，个体往往倾向于模仿和跟随群体的意见和决策，从而忽视独立思考和决策的能力。因此，群体思维可能会造成两种结果：一是容易形成意见的一致性和认同感，二是抑制创新、创造性思维和合理的辩论。

1971年，美国斯坦福大学的心理学家菲利普·泽姆巴多（Philip Zimbardo）做了一项名为斯坦福监狱的心理学实验，旨在探究人性的黑暗面，了解极端环境对人们行为和思维的影响。

研究人员将24名学生随机分为"狱警"和"囚犯"两组，并将他们安置在一个模拟的监狱环境中。不久之后，"狱警"就出现了滥用权力和暴力执法行为，他们对"囚犯"进行体罚、羞辱等，而"囚犯"被迫接受了"狱警"的残忍对待，并表现出恐惧、沮丧甚至崩溃的行为。

该实验揭示了一些心理学知识，也反映了群体思维对个体的影响。个体受到群体思维的影响，可能会产生不良的行为和决策，如实验中"狱警"对"囚犯"的暴力行为。

群体成员将他们的行为以统一的方式进行合理化操作，同时使用"从众"的伪装对个人"洗脑"，让个体对"只有跟随群体的行为才是合理的"这一认识加以认同。为了确保个体对群体行为的认同并将群体行为合理化，通常情况下，群体行为都会以多数人认同为理由，对其成员洗脑，从而有效地激发更多个人追随群体。

群体思维的典型表现形式

1. 集体失明

集体失明就是一种典型的群体思维表现形式。

在集体失明的情境中，个体往往不会提出不同的观点或想法，因为他们担心被群体中的其他成员视为异类而被排斥。一旦群体中的成员具有相同的看法和观点，他们往往会忽略其他可能存在的选项或方案，从而导致集体失明。例如，政治团体中的成员可能会因为团队的意见而忽略了其他政治党派的观点，一家公司的高管可能会因为团队的共识而忽略客户的需求。

2. 群体极化现象

群体内部成员更趋向于一个或几个共同的极端观点。在互联网的影响下，群体思维现象很容易演化为群体极化现象。群体极化现象是指在社交群体中，人们在讨论和决策的过程中往往会加强并扩大自己原有的观点和行为，使得群体内的差异性和多样性减少。这种现象可能是由群体内成员之间的信息共享、互动和影响导致的。这是因为人们往往倾向于寻找、接受与自己立场相符的信息，巩固他们原有的信念和态度。此外，随着社交功能的不断增强，群体成员往往会志趣相投，而不是相互质疑。这一特征也会进一步加剧极端观点的传播。

你会发现有些人缺乏独立思考的能力和明辨是非的能力，只有依靠群体才能实现自我认同。这类人遇事多半也会犹豫不决，容易被别人的意见和看法左右，很难独立做出决定和判断。比如，"我不知道大家这样做是否正确""大家都是这么做的，我也就这么做了，应该没有什么问题吧"等观点，就是这类人的内心真实写照。

在一个团体里，第一个说话的人或是说话最大声的人，其观点可能比较偏激，态度可能比较激进。如此一来，持有相同看法的人就会顺水推舟，接受了这一偏激的观点。而持温和观点的人，也倾向于显示自己的团体倾向，不会与偏激观点的人发生激烈的冲突。再加上团体意识的催化，这些人很有可能赞同偏激的观点，让偏激的观点越来越强烈、越来越偏激。此时，若有人提出异议，或是提出与之相反的观点，便会引发群体偏见。在这种情况下，团体成员会更加封闭、更加固执。群体极化现象就是这一过程最直观的体现。

网络与新媒介的出现，为群体的极化提供了土壤。在信息技术不发达的阶段，人们沟通的地域范围有限，有些偏激的言论很难被他人接受。现在，网络技术已经突破了信息交流的壁垒，每个人都可以在网络中拥有自己的支持者，这也导致了一些偏激团体的出现。

尤其是在大数据时代，大数据通过用户的一些搜索习惯、特性进行标签化和分类，向用户推送符合其个体偏好的信息，使用户深陷自己热衷的领域之中。如此这般，某些用户会更加相信这些内容，并找到更多与自己志同道合的人。倘若该群体的想法比较极端，再加上该群体成员不自知，便在互联网中永远和一些与自己具有相似特征的人沉迷其中，一旦有人反驳他们的观点，他们很大概率会迅速攻击对方。

怎样减少群体思维的影响

1. 培养批判性思维

容易陷入群体思维陷阱的人通常缺乏独立思考的能力，培养其批判性思维就显得尤为重要了。

批判性思维是一种评估和分析信息的思考方式，可以帮助人们理性和客观地评估和判断信息的真实性、可靠性及价值，避免人们受到虚假信息的误导。批判性思维的核心是质疑和探究，需要人们从不同的角度和维度思考问题，要求人们不仅仅接受表面的信息，更要深入挖掘信息的本质和根源。这可以引导人们抽丝剥茧地剖析现状，揭露偏见及其他隐藏问题，从而让人们做出明智的选择。

批判性思维通过以下方式帮助人们逐渐看清问题本质。

一是提出合理的疑问。

批判性思维的首要手段是提出合理的疑问。在提出疑问的过程中，人们可以选择提出开放性和封闭性的问题。开放性问题的提出有助于拓展思维，启发多种可能性，而封闭性问题则有助于精准定位和解决具体问题。通过提出合理的问题，人们可以深入地思考问题的各个方面，从而找到更为全面的解决方案。

二是分析信息。

在这个信息爆炸的时代，每天都有无穷无尽的新信息产生，我们不但要关注信息的来源是否可靠、证据是否充分、论证是否合理，还应该保持怀疑的态度，不轻易接受表面的观点，对信息进行深入的探究和思考。通过分析和评估信息，辨别出真正有价值的信息，从而避免被虚假信息误导。

三是推理。

推理是基于特定的观察和信息，通过逻辑推断出一般规律或结论的过程。在这个过程中，人们需要运用逻辑思维，关注事实、证据和合理的推导过程，然后发现潜在的模式和因果关系。比如，一个电话告诉你中了百万大奖，此时你应该思考一下，你参与过抽奖的活动吗？他怎么会有你的联系方式？你如果无法想清楚这些问题，就要提高警惕，这一定是一个诈骗电话。

2. 主动收集反对意见

反对意见本身正是决策者需要的"另一种方案"。只有一种方案，可能存在较高的失败率，一旦唯一的方案无法实施下去，只能背水一战。如果有若干方案供决策者选择，有多个方面思考和对比的余地，进可攻退可守，情况就会大不一样。比如，在一些产品会议中，与会者会分成两组，一组负责总结既有提案的优点，另一组负责挖掘提案的弱点。通过对比和讨论，群体就更容易做出恰当的决定。

10

光环效应：
颜值就是正义

你是否有过下面这种感觉：不管是在电视剧中，还是在现实生活中，人们都更愿意相信长得好看的人是好人，即"颜值就是正义"。

人们为什么会有上述的想法？光环效应会告诉你答案。

什么是光环效应

光环效应是指一个人具备某种优点或高质量特质会对他人产生积极的影响，让人们认为这个人在其他方面也非常优秀。相反，当一个人具有某些负面特质时，人们可能会过分强调这些负面特质而低估了他在其他方面好的表现。

光环效应通常会导致评估偏见和主观偏见，让人们对某个人或事物的特定优点或缺点产生过度评价，从而忽略其他的相关信息。这种心理现象在生活中比比皆是，如名人崇拜、品牌认知等。

光环效应最早是由美国心理学家爱德华·桑代克（Edward Thorndike）在 20 世纪 20 年代提出的。在一项关于老板如何在智力、技术技能和可靠性等方面为员工排名的研究中，桑代克发现，老板对员工的总体感受会影响他们对员工技能的判断。换句话说，老板对员工的技术评估往往是基于员工看起来像好人还是坏人的印象。结合其他研究，桑代克得出这样的结论：人们无法将对吸引力的一般评估与其他特征区分开，容易导致判断错误，从而做出错误的评估。

光环效应会对人们判断产品和品牌等产生影响。例如，当相同的食品分别被贴上"有机"和"传统"的标签时，有机食品容易获得更高的评价，消费者也愿意支付更多的费用。

光环效应还会使人们对他人或事物形成刻板化的评价，容易将某些并没有内在关联的人格或外表特点相关联。他们通常认为，具有某些特点的人一定是完美的人。例如，偶像就是一种被光环效应塑造出来的夸张形象，也是一种人们认为的完美形象。一些人会对偶像产生一种高度认同，同时伴随产生一种感情的依赖，即偶像崇拜。

他们喜欢购买自己偶像代言的产品，而不思考这些产品是否符合自己真正的需求及喜好；如果有人对自己的偶像指手画脚，他们会不分青红皂白地发起一场网络"征讨"等。他们甚至会在偶像的光环下丧失自己的判断力，出现选择性失察或选择性失忆的情况。例如，他们只能看到偶像的优点，对偶像的缺点视而不见；即使偶像出现负面消息，他们也不会计较，认为自己的偶像非常优秀，仍然义无反顾地跟随。

如何避免光环效应产生的不良影响

1. 获取对方的更多信息

在评价自己和他人时，应该采用多种评价方法，获取更

多的信息,从而得到客观和全面的评价结果。如果你意识到了光环效应对自己的影响,那么你可以尝试这样做:

当第一次看到一个人时,你要尝试形成另一种可能的印象,以减少光环效应对你的影响,并且尽可能地获取更多关于对方的信息,以便较为全面地认识对方。

2. 减少对他人的刻板印象

刻板印象通常是指人们对某个群体或个人的某些特征或行为的一种不合理、片面、固定化的认知,这种认知可能是基于人们的个人经验、文化背景、社会环境等因素而形成的。刻板印象可能导致人们对某个群体或个人的歧视、偏见、歪曲的看法或评价,从而影响人们的行为和决策。

刻板印象不仅会固化人们的思维,也会限制人们的发展。所以人们应该尽量避免过度强调某些特质,如外貌、声音、社会地位等,要勇于打破束缚,多角度地看待人和事。

11

聚光灯效应：
别人没有那么关注你

你是否有过类似的体验：走在路上，总觉得周围的人都在盯着自己；上台发言时，不知道自己的手该放在哪里；如果不小心在人群中出丑，会认为大家都在注意自己……

人们为什么会特别在乎他人对自己的看法？这和聚光灯效应有很大的关系。

什么是聚光灯效应

聚光灯效应，又称焦点效应、社会焦点效应，它是指个体高估他人对自己关注程度的现象。具体来说，人们在公共场合下容易过分关注自己的行为及形象，担心自己的失误或缺点被他人注意。

聚光灯效应由托马斯·季洛维奇（Thomas Gilovich）和肯尼斯·萨维斯基（Kenneth Savitsky）提出，他们曾经通过一个实验证实聚光灯效应的存在。

在实验中，他们让一名被试者穿上一件印有过气歌星头像的 T 恤，进入一间已经坐了 5 个人的房间。一段时间之后，研究人员让被试者预估，在这 5 个人中，会有几个人能够注意到他穿的这件 T 恤。被试者认为，起码有 3 个人注意到了他穿的 T 恤。然而,只有一个人表示自己注意到了被试者的穿着。

这个实验说明,在多数场合中,人们经常高估他人对自己的关注。正是由于担忧自己糟糕的表现会引发他人的高度关注,以及因害怕做出不恰当的行为遭到嘲笑,人们才不得不用一些保守的方式或不符合自己真实意愿的方式进行活动。

聚光灯效应的直接表现是容易产生社交焦虑,以致影响人们正常的社交生活及健康。

在实际生活中,人们经常会不经意地放大自己的问题,产生一种所有人都在关注自己的错觉。比如,你不小心在广场上摔了一跤,认为当时广场上的很多人都看到了并且在嘲笑你,从而影响了你的心情。但实际上,别人可能根本就没有注意到你。

聚光灯效应产生的原因

为什么会产生聚光灯效应?或者人们为什么过分在意他人的看法?主要有以下三点原因。

1. 渴望得到认可与赞美

渴望得到他人的认可与赞美是一件再正常不过的事情,如果过分在意他人的评价,就很容易陷入误区,如缺乏自信。缺乏自信的人一旦被他人批评或否定,就会感到紧张、焦虑,甚至陷入自我怀疑的境地。他们认为,对方只要没有明显地、正向地认可自己,就代表对方在否定自己。

2. 主观偏见

人们习惯站在自己的角度看待问题,在评价自己的行为时容易产生偏差,容易放大自己在别人眼里的重要程度。然而,他们和你一样,也认为自己正站在聚光灯之下,接受别人的关注。

3. 透明度错觉

有些人认为,自己的心理状态会在他人眼前暴露,这无疑会增加自己的焦虑。事实上,他们除了脸红、手抖等现象之外,心里的感受并没有呈现出来,也没有被他人察觉。

如何避免聚光灯效应产生的不良影响

1. 不断自我暗示"大家都很忙,我其实没那么重要"

人的精力是有限的,人们一旦把精力分散到他人对自己的评价上,就很难专心致志地完成自己手上的工作,容易变得焦虑。所以,要不断暗示自己:"大家都很忙,我没有那么重要,大家并没有时间关注我。"这能在一定程度上帮助自己把焦点从他人身上拉回事情本身,逐渐摆脱焦虑、消极、诚惶诚恐的心态。

2. 假设角色颠倒

如果你整天都在担心自己在生活中出现的失误,不妨用一些时间考虑一下,如果你看到别人的失误,会有什么感受。事实上,你看到别人的失误,会一直记得吗?通常不会。同理,别人看到了你的失误,通常也不会把它记在心里。所以你也不用过分担心。

3. 设定正面假设

大多数情况下,你觉得别人在注意你,通常是自己的想象。如果你能从正面、积极的角度出发，效果就会大不相同了。例如，不要总是认为他人在找碴儿，也有可能是自己的想象。你不妨先对自己说一句："我一直都很出色，没什么好担心的。"

12

**知识的诅咒：
这道题有什么困难的**

作为大学生的你为邻居家读小学四年级的孩子讲了一道数学题。你认为自己已经讲解得十分详细、清楚了,孩子却没有听懂,你百思不得其解。其实,此时的你可能陷入了一种名为"知识的诅咒"的认知偏差。

什么是知识的诅咒

知识的诅咒是指人们一旦知道某种知识,就无法想象不知道这种知识时会发生什么,即人们被知识"诅咒"了。也可以这样理解知识的诅咒:过多的知识和信息可能会导致人们在与他人交流时,下意识地假设对方已经拥有理解所需要的背景知识,从而影响到人们的行为和决策。简单来说,知识的诅咒就是一种人们知道的知识越多,反而越难理解他人的现象。

比如,在玩"你画我猜"游戏时,你可能有这种感觉:即使你给了对方非常明确的暗示,对方还是无法猜出正确的答案,或者你在猜测时,无法捕捉到对方表达的重点信息。又如,在课堂上,教师强调有一些题目很简单,是"送分题",依然有一部分学生做不出来。

20世纪80年代,在美国二手车市场,部分汽车销售商对自己出售的旧车的缺陷了如指掌,这导致他们在推销旧车时信心不足，给出低于消费者的心理预期的售价。实际上，消费者并不像销售商那样了解旧车存在的缺陷。因此，经济学家提出，旧车销售商正在遭遇知识的诅咒，如果他们能少考虑旧车的真实价值，可能会获得较高的收益。

现在，知识的诅咒现象不仅限于经济学范畴，它对人与人之间的交流也造成了一定的干扰。在生活中，当人们掌握一种知识或技巧后，他们的能力会越来越强。如果想让他人也学会同样的知识或技巧，人们就会自然而然地将其简化，从而使交流变得更加困难。例如，教师具有大量的知识储备及丰富的教学经验，而学生掌握的知识较少，这就要求教师不但要达到本专业的知识水平，而且要对学生的心理特征和学习基础有足够了解，从而更好地向学生传授知识。

怎样避免知识的诅咒产生的不良影响

1. 摒弃想当然的思想

知识的诅咒产生的主要原因之一是信息不对等，所以在和他人进行交流时，人们不要理所当然地认为对方和你拥有等量的知识。在解释专业概念、公式、图表等内容时，人们对于新手和外行要更加谨慎、更加有耐心，用通俗易懂的语言和例子帮助他们理解，这会有利于双方的沟通。如果涉及纯粹的知识传递与交流，就应当以通俗明了的形式进行解释，假如对方没有这些知识的基础，就不要过多地使用术语解释你的观点。

2. 变复杂为简单，将知识分解成不同的部分

面对不具备相关知识的人，专业人士需要把讲的知识拆

开，一块块地去讲解，才能让对方充分了解这些内容。

具体如何操作？通常选用"整理＋连贯＋推演"的方法。

第一步，整理。

在传授知识前，首先要整理好这门课的知识点，弄清楚要教的内容。例如，一个概念通常包含几个层次的含义，需要将它分解为每一个关键的部分，这样做可以让概念条理化、系统化，同时自己的讲解变得清晰，别人也会循序渐进地理解、掌握这一概念，而不是一头雾水。

第二步，连贯。

梳理好知识点后，就要从整体出发，按照一定的逻辑对梳理好的知识点进行联结。首先找到该知识与周边知识的联系，确定其在更宏大的体系中所处的位置，并从单个的知识点延伸到整体性的知识体系，全面认识其本质和规律，实现理性认知。

知识的呈现要有层次，即先讲什么、后讲什么，有一个由浅入深的顺序，这就像为别人搭台阶，按照一定的模式搭建，别人可以顺着你搭建好的阶梯一步一步地向上走，从而触及知识的本质。

第三步，推演。

在明确了要共享的知识和它们之间的逻辑关系后，接下来要做的就是进行推演，即从一般的原理或规律出发，推导出具体的事例或结论。

生动的推演是一种具有逻辑性的延展。专业人士通过生动的场景和故事将知识呈现，更加易于人们理解和掌握，进而激发人们更大的学习兴趣。

13

公正世界假说:
受害者有罪论

你是否听过"受害者有罪论"？受害者有罪论是指人们把不法行为的发生部分或完全归因于受害者而非施恶者，这是因为人们认为受害者的言行举止存在问题，才导致了施恶者的恶行或者犯罪，由此引发对受害者的指责。比如，每当网上爆出一些恶性事件时，评论区总会有人跳出来发表"苍蝇不叮无缝的蛋"等言论。为什么有人会指责无辜的受害者？这其实是公正世界假说在作祟。

什么是公正世界假说

为了解释受害者有罪论，美国心理学家梅尔文·勒纳（Melvin Lerner）于1996年做了一项实验。他邀请实验组、控制组两组被试者观看一段他人记忆单词的视频，视频中的人一旦记错单词就要接受令人痛苦的电击惩罚。实验组的被试者可以选择改变奖惩机制，比如选择用"单词记忆正确就给予奖励"来取代记错单词时施以电击，也就是说，实验组有机会使整个任务变得更人道、更符合正义；控制组被试者则不具有这样的机会，只能眼睁睁地目睹视频中的"受害者"痛苦地遭受电击。

视频结束后，勒纳等研究人员请被试者表达自己对视频中"受害者"的看法，实验组和控制组对此表现出显著的差异：实验组的被试者倾向于对"受害者"给出正面评价，而控制组的被试者更多给出的是负面评价，认为"受害者"受到电击是咎由自取。勒纳解释道，看到一个无辜的人无故受苦，自己却无力改变不公平状况时，人们就会贬低受害者，使其悲惨的经历与其个人特质相匹配，以维护公正世界假设。

这就是"公正世界假说"。它指的是人们相信世界是公平的，因此，人的行为和道德地位将决定事件的结果。这种观点让人们相信，做好事的人会得到奖励，做坏事的人会受到惩罚。所以，"善有善报，恶有恶报""善恶到头终有报""多行不义必自毙"等老话流传至今。然而，这些话却被一些人片面地认为是受害者做了错事，才招致了侵害或导致不良后果。

虽然"公正世界"的概念是错误的，但践行这一假设，即相信受害者是有罪的，对其进行指责的行为满足了人们对自以为公正的社会规则的掌控感，让人们感到安全。人们由此认为，即使身边充斥着暴力和犯罪，如果自己不犯错，坏事就不会发生在自己身上。"公正能够带来安全感"的信念支撑着人们不被时有发生的犯罪事件吓倒。一旦公正世界的假设受到挑战，承认世界的不公平性，就意味着需要做好"一个无辜的好人遭受无妄之灾"的心理准备。因此人们的大脑会立刻启动防御机制，竭力维护公正世界假设。

由此可见，对受害者的指责从根本上来看是人们出于对公正世界假设的维护，并聊以自我安慰——"坏事不会发生在我身上"的一种手段。

公正世界假说的危害

公正世界假说的害人之处在于,这种理念一旦盛行,会给被害者造成巨大的二次伤害,也会让受害者的维权门槛变高,让真正的加害者逍遥事外,甚至屡次再犯。比如,遭受长期校园霸凌而没有被解救的人也许有这样的经历——向老师求助时,有的老师可能会说:"为什么他们只欺负你而不去欺负别人?"这种想法或归因方式在一定程度上助长了霸凌者的嚣张气焰。受害者受到侵害后,因为害怕别人会受舆论的误导指责自己,往往会选择沉默。每个人都明白一个词——"百口莫辩",而这种沉默恰恰是那些坏人最希望看到的。

公正世界假说还会造成另外一种极端现象——道德绑架。比如,利用舆论压力让企业家捐款做慈善,有的企业家热心做慈善,但又会被外界质疑他们这种不求回报地做善事的行为,一定是他们平时做了太多的亏心事,赚了很多不义之财的赎罪方式,随之而来的可能是一波舆论谴责,使得真正有能力做慈善的企业家不敢做慈善了。

怎样避免公正世界假说的影响

1. 放慢思考的脚步

行为科学家丹尼尔·卡尼曼和阿莫斯·特沃斯基提出了"双系统思维模式":一个是"系统一"思维模式,它是人们的下意识反应,是人们快速做出的判断或情绪反应;另一个是"系统二"思维模式,它是一个较缓慢、理性的、善于计算的思维过程。

人们的许多偏见是系统一思维模式引起的,包括公正世界假说。系统二思维可以帮助人们逐步学会批判性思考,而不是简单地用本能思考,让人们相对容易地看到不公正现象,更好地为改善自己和周围环境做准备,从而减少不公正现象的存在。

2. 认清现实

在理解世界时,人们需要保持明智和稳重的思考,尽量做到认清现实并保持客观的态度。虽然从孩童时代起,人们就被教育世界是公平的,但你必须知晓:生活中充满着不确定性和不公平性,那些毫无预兆的意外和不幸同样会降临在你身上,这并不取决于你是好人,还是坏人。

下面三种方法能够帮助人们认清现实。

第一,收集信息。人们可以从不同的渠道收集信息,例如看书、上网、与他人交流等。这些渠道可以帮助人们了解不同的观点和看法,从而更好地认清现实。

第二,反思自己。例如,人们要思考自己的行为和思维模式是否与现实相符。如果自己的行为和思维模式与现实相悖,就要及时调整。

第三,借助他人之力。认清现实需要借助他人之力。与他人交流可以帮助人们了解他人的观点和看法,也能从对方身上学到一些长处。

3. 避免指责受害者

从根本上来看,人们从不合理的指责中获得安全感是站不住脚的。公平并不是天然存在的,而是通过人们对秩序的维护和人们对秩序的遵守实现的。如果所有人都去指责受害者，不仅不能维护正义，还有可能损害每个人的利益。

为了避免指责受害者，人们应该采取以下措施：

第一，理解受害者的处境。努力理解受害者经历的困难和痛苦，以及他们可能面临的情绪和心理压力，并为他们提供支持和帮助。

第二，避免使用攻击性的语言。不要使用任何形式的攻击性语言或指责受害者的言论，应该采用温和、同情和支持的语言和他们交流，让他们感到理解与接纳。

第三，寻求解决方案。应该与受害者一起寻找解决问题的方法，而不是将问题完全归咎于他们。通过与受害者合作，有助于找到解决问题的方法，帮助他们恢复稳定和安全。

第四，鼓励受害者寻求帮助。如果受害者感到羞耻、无助或孤独，应该鼓励他们主动寻求帮助。

14

巴纳姆效应：
星座分析太准了

你相信星座分析吗？即使你并不十分相信，也曾出于好奇看过一些运势预测或者星座测试的内容。当看到测试答案时，你是不是越看越激动？因为你惊讶地发现星座分析与自己的情况十分吻合，内心暗喜：这说得也太准确了！

难道这些测试真的能够洞察人心？这其实隐藏着一种有趣的认知偏差——巴纳姆效应。

什么是巴纳姆效应

巴纳姆效应是指人们倾向于接受模糊且适用于大部分人的个性化描述，认为这些描述是基于自身真实情况的，能准确且具体地解释自己的特征，即使这些描述是普遍性的也会深信不疑。

为了证实巴纳姆效应的存在，1948年，美国心理学家伯特伦·福勒（Bertram Forer）进行了一项实验。他让参与者完成一份人格测试，并且将每个参与者的测试结果与同一份个性化描述进行比照。结果发现，参与者们认为自己的测试结果与所对应的描述十分匹配，非常契合自己的特征。这个实验揭示了人们倾向于通过个性化描述自己，即使这些描述是笼统的、适用于大多数人的。例如，心理测试经常使用模棱两可的描述："您有时很有自信，有时却觉得自己心存疑虑和无助。""您倾向于在人际关系中表现得相当积极和外向，但有时也会有些敏感和内向。"其实，这些模糊又具有普遍性的描述适用大多数人，所以才会有许多人认为这些描述比较符合自己的情况。

巴纳姆效应也比较隐秘地存在于一些行业中，例如Netflix（奈飞）、Facebook（脸书）等数字公司利用巴纳姆效应来改善它们的产品并使其更加个性化。它们为每个用户亲自策划的电影列表和专门音乐播放列表就具有个性化功能，这让用户产生了一种错觉——这些服务是数字公司为自己量身定制的。如果不了解巴纳姆效应，人们可能无法区分一般和个性化的反馈、产品或内容，从而做出错误的决定。

巴纳姆效应产生的原因

1. 主观验证的影响

主观验证是指个人并非通过客观事实或科学方法进行验证，而是根据自己的主观感受和经验进行验证。

主观验证之所以对人们产生影响，是因为人们一旦决定相信某件事情，就会搜集各种支持自己决定的证据，即使有些证据与自己相信的事情毫不相关，也会想方设法找到一个恰当的逻辑设想，并证明这件事情是正确的。

2. 渴望得到赞美

人人渴望得到赞美，也愿意接受他人对自己的积极评价，并相信它们是准确的，即使它们是笼统和模糊的。在人们的潜意识里，个人容易接受表扬，拒绝批评，所以当一个人假设描述性陈述的准确性更高时，很容易产生巴纳姆效应。

巴纳姆效应的影响

巴纳姆效应对人们的思维和行为产生诸多不良影响，导致人们做出不明智，甚至错误的决策和行为，主要表现在以下四个方面。

一是对个人评价的影响。由于巴纳姆效应的存在，人们可能在接受某些评价时过分认同其中的肯定和夸奖，从而高估自己的能力和价值。

二是对沟通和交往的影响。在与他人交往时，巴纳姆效应可能导致人们倾向于使用虚假的肯定和恭维，以获取对方的好感或赞同。

三是对决策和选择的影响。巴纳姆效应可能影响人们对产品、服务等选项的评估和选择，比如诱惑人们选择那些包含虚假、夸张或过于广泛的肯定和承诺的选项。

四是对学习和知识的影响。由于巴纳姆效应的存在，人们可能接受过于笼统和泛泛而谈的知识和观点，不愿意进行更加深入的思考。

怎样避免巴纳姆效应产生的不良影响

1. 清醒地认识自己，完整地接纳自己

第一，树立正确的自我认知。我们不能因为害怕别人嘲笑就一味地掩饰自己的不足。相反，要学会正视自己的缺点，从而克服它们。

第二，要培养自信心。在面对缺点时，很多人之所以会选择逃避，是因为内心深处缺乏自信，担心自己无法改变现状，害怕失败。因此，我们需要建立信心，相信自己有能力战胜困难。

第三，以人为镜，选择一个合适的人作为参照对象，多角度认识自己。认真倾听对方的意见，在对方的帮助下发现自己的长处和短处，从而给自己一个准确的定位。

2. 保持批判和独立思考

不要盲目迷信某些虚夸或夸大其词的言论，要始终保持批判的思维和独立思考的能力。以本节开头的星座预测为例，我们只需要用一个很简单的计算就可以破解：假设你现在每次预测的准确率都是50%，一共预测了4次，总的预测准确率就是$P=1-(1-0.5)^4=93.75\%$。也就是说，即使你随便说了4句话，也只有不到10%的概率会说错。所以，从事实上看，只要说了足够多的正确的废话，人人都可以是占星大师。

3. 培养、提高收集信息的能力

培养、提高收集信息的能力，能防止人们陷入巴纳姆效应。

第一，提高信息敏感度。提高信息敏感度是培养收集信息能力的基础。如果你想在众多的信息当中获取有价值的内容，需要保持好奇，关注身边的事物，了解各个领域的新动态。

第二，建立个人知识体系。将收集到的信息，按照一定的逻辑进行整合，建立一套自己的个人知识体系，并且定期回顾、巩固这些知识，以及及时更新知识，进而不断完善个人知识体系。

15

可用性级联效应：
谎言说一千次就变成了真理

谣言在生活中屡见不鲜，特别是网络谣言，但是为什么这些谣言能够被迅速传播并被许多人相信？这种现象可以用可用性级联效应解释。

什么是可用性级联效应

可用性级联效应，也叫效用层叠效应。它是指由于人们对融入社会的需要，更倾向于相信那些被广泛讨论和多次公开的事情。这种效应主要通过增强某种认知在公共话语中的影响力，不断强化认知的合理性。具体来说，某件事越是经常被公开讨论，就越有可能增加其真实性。

1989年美国发生的"艾拉事件"就是一个典型的可用性级联效应案例。艾拉是一种化学药品，喷洒于苹果上可以调整其生长周期，改善其外观。当时有报道称，这种化学品一旦用量过大会使老鼠得癌症。这一报道引发了公众的恐慌情绪，艾拉因此被禁用，苹果产业因为缺少艾拉这种有效的杀虫剂大量减产，果农损失巨大。后来的研究数据却显示，艾拉的致癌风险极低。

艾拉事件反映出可用性级联行为其实是人们的一种过度反

应,却对公众健康和市场交易构成了潜在的威胁。这种现象在生活中比较常见。例如,一些人看到飞机失事的报道,就认为乘飞机出行存在极大的风险,于是选择坐火车出行;看到某座城市中有人因流感去世,就会有意识地和这座城市保持距离。实际上,这些都是小概率事件,危险性并没有随着相关新闻报道的增多而增大。一些人却宁可信其有,不可信其无,变得小心翼翼。

可用性级联效应在互联网时代更为突出。例如,一个突然走红、一句话突然被疯狂转发等。有人一开始可能对这些内容不感兴趣,但是随着推送次数的增加,也会禁不住点开浏览内容。现代人喜欢快节奏的内容,存在猎奇心理,看到吸引眼球的消息、图片或视频,不管内容是否真实,有无负面影响,都可能进行传播和渲染。

人们身处信息发达的时代,能够轻而易举地通过网络获取信息。然而,人们的想法、决策也容易被这些信息所影响,人们头脑中对世界的认知并不是对真实世界的客观反映,而与某件事出现的频率和事件引起人们情绪的变化幅度有关。换言之,人们有时候很难区分"熟悉感"和"真相"。那些经常出现在网络中的、容易引发人们情绪波动的消息会给人们留下更为深刻的印象,并且逐渐影响人们对世界的认知。

在上述现象中,媒体扮演了重要角色。一方面,为了在信息爆炸的年代生存,媒体千方百计寻求吸引眼球的内容;另一方面,人们的需求也影响着媒体——目标群体想听什么,媒体就会迎合他们什么。再加上现在大数据的推广更加具有针对性,你喜欢什么,就给你推荐什么,于是,人们越来越生活在只有自己观点的世界中,越来越狭隘,哪怕是谬误也深信不

083

疑。在这样的背景下，一些无良媒体利用可用性级联效应刻意挑起公众的激愤情绪和焦虑情绪，并且不断扩大影响范围。

怎样避免可用性级联效应产生的负面影响

1. 学会从不同视角全面地辨识事物

在日常生活中，人们总是从自己的角度对事物进行判断和评价。这种做法会限制人们的视野，使其无法全面地认识事物，容易受到可用性级联效应的制约。所以，学会从不同视角更为全面地辨识事物，是每一个人需要掌握的重要能力。

首先，要从多个角度看待事物。同一个事物，在不同的时间、地点和环境下，可能会呈现出不同的面貌及特征。因此，人们需要从不同的视角来看待事物，以便更好地了解它们的本质和特点。

其次，要学会换位思考。要从别人的角度看待事物，想象自己处于对方的位置，这能让我们更好地理解他人的想法和行为。

最后，要保持开放的心态，主动接受新的观点和信息，以便更好地拓展自己的视野和认识。

2. 分离决策

分离决策就是将决策分成几个独立的部分，对每个部分都要独立考虑，从而减少因不同决策形成的可用性级联效应。例如，在评估一个产品时，我们可以从产品的功能、质量、价格、品牌多个方面考虑，以便全面地了解产品，而不是用一则新闻或者一条评论评价产品。

16

错误共识效应：
所有人都是这样想的

你是否经常将"大多数人都这样""所有人都一样"等类似的话语挂在嘴边？如果"是"，就要小心了，你可能受到了错误共识效应的影响。

什么是错误共识效应

错误共识效应是指人们过高地估计了自己的观点、态度和行为在群体中的普遍性和共识性。换句话说，人们往往认为自己的观点、态度和行为符合大多数人的观点，而忽视少数人的不同看法和行为。事实上，个人的想法仅仅代表自己，容易让自己高估其他人对自己的认同程度和倾向。持有这种认知偏差的人会认为他们的价值观和看法是大众都认同的。

错误共识效应由心理学家李·罗斯（Lee Ross）及其同事于1977年提出。他们进行过一项研究，让参与者阅读一篇关于校园暴力的文章，要求参与者评估自己和他人在类似情况下的行为。结果显示，参与者普遍高估了自己和他人参与校园暴力的可能性。实际上，只有少数人表示可能会采取暴力行为，这表明错误共识效应确实存在，即参与者高估了自己和他人行为的普遍性。

该研究还发现，参与者普遍认为自己的行为与大多数人的行为一致，他人的行为则更容易受到个体差异的影响。这种观点容易忽视他人的不同看法和行为。

错误共识效应的表现

错误共识效应在日常生活中经常出现。例如，在团队合作中，个人往往会高估自己的观点和行为在团队中的共识性，忽视其他团队成员的不同看法和行为。人们有时候认为别人不具备某方面的常识，然而某些看似应该具备的常识并非社会对同一事物普遍存在的日常共识。一部分人只是熟练地掌握了某些知识，就理所当然地认为别人也掌握了这些内容。互联网使具有相同观点的人更加容易结成群体，他们在群体内部容易达成基于其自身信念的"虚假共识"，这使得错误共识效应在互联网时代比以往更加普遍。

久而久之，在各种理论满天飞的今天，人的生活变得相当复杂，这不禁让人对内容烦琐的理论产生逆反心理。于是，人们更愿意相信自己的直觉和常识。

遇到一件事，何必思考那么多？直觉加上常识，不就可以应付了吗？那样，生活不就变得简单起来了吗？有了简单的生活，人才不会总是活得那么累、那么烦。因此，人容易将个人的直觉思维等同于大家的共同思维，其实这种所谓共同性是不存在的，只是个人的错觉而已。更严重的是，人容易对和自己想法不同的人产生偏见，甚至相当极端。由此可能引发的后果通常是令人担忧的。

如何避免错误共识效应产生的不良影响

1. 打破信息茧房的束缚

通俗来说,信息茧房指的是人们只注意自己选择的东西和使自己愉悦的信息领域,久而久之,会将自身桎梏于像蚕茧一般的"茧房"中的现象。这容易使人们倾向于接收和阅读与自己观点相似的内容,不利于获取更广泛的信息。

如何打破信息茧房对人的束缚?

第一,多领域学习。人们应主动拓宽视野,学会从不同的领域学习知识,获取信息,让自己的眼界与思想不再局限于自己感兴趣的天地。

第二,学会理性思考。人们应避免或减少从个人的喜好等主观角度评判事物。可以通过听取各方意见、收集真实信息等方式,探究事情的缘由和本质,并站在客观公正的立场上评价事物。

第三,拒绝大数据的灌输。在大数据、算法等技术高速发展的今天,人们每一次在手机终端的搜索,都会被算法记录下来,形成无数个标签,算法再用这些标签推送更多人们喜欢看到的或想要看到的内容。人们要学会拒绝大数据的灌输,在面对新兴事物或现象时,不宜过早做出判断,应当通过多渠道、多角度了解,并进行交叉验证。这样做,能在一定程度上确保信息的真实性,避免盲目跟从他人,随波逐流,也能锻炼自己的逻辑思维能力。

2. 拓宽获取信息的渠道

在数字时代,信息已经成为影响人们生活的最重要的因素之一。如果只在单一的渠道获取信息，人们的视野就会受到严重的限制。拓宽获取信息的渠道能让人们了解更多的文化和思想，领略多元的世界，丰富自己的认知。

我们可以通过以下几种方式拓宽信息获取渠道。

首先，通过内容优秀的图书学习知识，并思考其背后的历史和文化。可以选择一些经典著作，如历史、文化、心理学和哲学读物等。

其次，可以借助媒体、网络资源，以更便捷的方式获取信息。这些资源可以帮助人们了解最新的国内外新闻、经济形势、科技发展动态等内容。在掌握信息的基础上，我们可以运用大数据和其他分析工具，对信息进行深入研究。

最后，可以借助社交媒体平台来获取并分享信息。需要注意的是，我们要更加审慎地评估信息的来源，确保信息的可靠性和客观性。

17

安慰剂效应：
我到了医院，疼痛就减轻了

为什么保健品不具备药物功效，却有许多人将其视为一种有效的治疗手段？为什么一些癌症患者在接受常规治疗后，症状并未得到实质性的改善，却因积极的心态控制住了病情？事实上，这些现象与安慰剂效应密切相关。

什么是安慰剂效应

安慰剂效应又称假药效应，指的是患者在接受无效或无药效的治疗时，由于相信治疗对自己有效，从而让症状得到舒缓。

第二次世界大战期间，前线战事吃紧，大批伤员被送往战地医院。医护人员为伤员注射止痛剂来缓解疼痛。正在军队服役的美国医学博士毕阙（H.K.Beecher）发现，由于伤员多，药品有限，止痛剂很快就用尽了。在万般无奈之下，医护人员不得不为伤员注射生理盐水，并谎称为他们注射了止痛剂。伤员听后，居然觉得伤口不痛了！战争结束后，毕阙继续对这一现象进行深入研究，结果表明这种情况并非偶然。1955年，他将这种现象命名为安慰剂效应。

弗洛伊德认为，安慰剂效应其实就是一种潜意识的自我暗示。所谓的潜意识是指在人们的意识下所存在的一种神秘力量，这种力量与意识之间存在相互控制的作用，潜意识会不自觉地影响人们的身心。在心理学中，暗示是指个体无意中感知并接受信息，从而做出与之对应行为的过程。

安慰剂效应产生的原因

安慰剂效应的产生主要和两个因素有密切的关系。

一是期望效应。当人们对某个目标事件产生积极预期的时候，期望效应就会引导人们有意识或无意识地朝着这个目标的预期进行发展。比如，病人在不明真相的时候，接受了生理盐水的注射，就会在主观上产生被治疗的错觉，从而客观地作用于身体和心理健康的恢复。

二是条件反射。在"巴甫洛夫的狗"的实验中，实验者每次给予狗食物之前，都会发出铃声，经过多次实验后，只要铃声一响，狗就会自动分泌唾液，原因是狗已经知道了铃声与食物之间的关联性。同理，安慰剂可以对人产生一种类似于药物的反应，从而达到一定的积极效果。

安慰剂效应的应用

1. 医学领域

在医学领域，安慰剂效应能够帮助患者保持良好、稳定的心理状态，从而更好地接受治疗，并能让他们对自己的精神和身体健康产生乐观的情绪与行为。通常，这一过程往往是以自我暗示或自我欺骗完成的。当患者发现自己并没有因为之前的经历而变糟后，患者会认为自己真的能够改变现状，能够做到之前所做过的事情（其实很多事情并没有像人们想象中那样发生）。这样患者就能在医生或其他来访者的帮助下树立起积极乐观、健康向上的心态。

2. 商业领域

安慰剂效应还被应用于商业领域。面对同样的商品，人们有时候倾向于购买价格高的商品，认为"一分钱一分货"。比如葡萄酒，口味好是期望，而且这本来就是消费者的期望，毕竟谁都希望喝到口味好的酒。价格高是一种条件反射，而且这种条件反射，本身也是存在于消费者身上的，因为按照消费者的日常消费惯例，花了更多的钱，肯定会有更好的体验。当这两个假设都满足时，即使一瓶普通的酒被标上更高的价格，消费者喝了也会感觉口味好。明白了安慰剂效应的运作原理，以及在商业上的运用套路，再碰到类似的消费场景时，你说不定就能捂住钱包了。

怎样正确应用安慰剂效应

积极地暗示自己，让自己有足够的信心。如果不能很好地使用安慰剂效应，可以试试暗示式表述。暗示式表述会让你增强自信。比如，对自己说"我真的很优秀""我有能力将这项工作做好"之类的句子，从中获得信心和力量。

18

刻板印象：
东方人都是沉默寡言的

你可能听说过类似的话：

看这人的长相、打扮，就不像好人。

商人都是唯利是图的。

这些固有的认知，会让人们戴着有色眼镜去看待他人，并区别对待他人。即使有些人具有性格友善、品行良好等优点，也会被人们忽视，甚至连辩解的机会都没有。这就是刻板印象的表现之一。

什么是刻板印象

刻板印象是指人们基于某些特征或者群体成员所具有的特征，对其进行的一种刻板的评价或者判断的倾向。通俗来说，刻板印象就是人们对某些人或群体做出的过于简单化和刻板化的评价和看法，从而忽略了个体差异和多样性。

刻板印象是一种常见的认知偏差，导致人们对某些人或群体的评价过于片面和武断。例如，人们通常认为女性是温柔的、害羞的，男性是自信的、独立的。然而事实并非如此，很多女性充满自信并且独立，一些男性也比较温柔。

两位来自美国的心理学家马扎林·贝纳基（Mazarin

R.Banaji）和安东尼·格林沃尔德（Anthony G.Greenwald）的内隐联想测验是关于刻板印象的经典案例，探究出人们对不同群体的刻板印象和隐性偏见。隐性通常指让被试者意识不到试验任务是在衡量他的态度。

在这项测试中，被试者需要在电脑屏幕上快速浏览一系列词语或图片，判断它们是否与某个群体相关联。测试结果显示，大部分被试者对某些群体存在隐性的刻板印象和偏见。例如，他们更容易将负面词语与黑人或女性相关联，将正面词语与白人或男性相关联。

该研究表明，即使人们自认为没有偏见，也可能存在隐性的刻板印象和偏见。这可能影响人们对他人的评价和行为，因此需要通过教育和宣传减少刻板印象和隐性偏见的影响。

刻板印象的确反映了某些群体的共性，有些可能无伤大雅，甚至可以帮人们节省认知资源。然而，人们总是习惯性地将认知简化，陷入以偏概全甚至"一棍子打死"的误区之中。尤其是面对新人和新事物时，通常没有对它们进行深入了解，就不加思考地进行评价。这不仅影响自己的判断，也会对他人造成不公正的评价，或者造成不良影响。某些不法分子正是利用刻板印象，做出了一些对人不利的行为。

比如，相较于长相丑陋的人，人们会更加信任长相看起来舒服、一脸正气的陌生人；相较于成年男人，人们对年轻女性和小朋友的防备性更低。正因为如此，人们在面对后者时，可能会失去原有的判断力，不法分子恰好利用这一漏洞对自己的身份进行伪装，骗取人们的信任，以达到他们的不法目的。

刻板印象产生的原因

1. 认知简化

人类的大脑处理信息的速度非常快,但是它也会尝试用最小的认知资源处理信息,从而提高处理信息的效率。然而,这种简化的认知策略可能导致人们对他人或事物形成刻板印象。

2. 经验和环境

人们的经验和所处的环境也会导致刻板印象的形成。例如,媒体报道、社会文化背景和家庭教育等因素。

3. 个体差异

人们的个体差异也可能导致刻板印象的形成。例如,性别、年龄、种族,以及文化等因素都会影响人们对他人的看法和评价。

怎样减少刻板印象带来的负面影响

1. 承认并允许刻板印象的存在

人们需要意识到自己可能对一些人或事物存在刻板印象和偏见,只有认识到自己的偏见,才能采取措施避免它们的影响。对于刻板印象,人们不应该全盘否定或杜绝,而应该允许并尊重它的存在。人们要意识到,刻板印象有其存在的合理性,应保留其合理的部分,调整其偏见的部分。

2. 修正自己的刻板印象

受刻板印象的影响,人们会固执地认为自己的想法是对的，缺少对刻板印象的识别和纠正。所以，面对刻板印象，人们应该从客观的角度出发，多问自己几个"为什么""真的吗"，这会避免或减少一些问题的出现。

19

权威偏见:
专家说的话就是正确的

爱因斯坦说过，对权威不假思索的尊重是真理的最大敌人。

无论是网络平台，还是电视荧屏上，人们皆可领略众多知名专家的风采。这些自诩或被一些人尊称为"权威"的专家，其实都拥有一个共同的目标——让观众相信他们是专家，唯有如此，他们所表达的意见方能赢得观众的认同。

为什么专家的话容易让人信服？这和权威偏见有很大的关系。

什么是权威偏见

权威偏见是指人们过度地倚重某些权威人士或媒体的意见，忽视事情发生的实际背景的现象。比如，一位成功人士的话被一些人奉为圭臬。人们只看到他成功了，却鲜有人挖掘其成功的原因：是凭借一位贵人的帮助，还是他个人睿智领导、高超谈判的结果，或者是其他原因？这使很多人在做决策时往往过度关注某个人的身份特征，而非事物本身。

然而，人总是会犯错误的，即使是诺贝尔奖获得者也会犯一些错误。

莱纳斯·卡尔·鲍林（Linus Carl Pauling）曾经获得过两次诺贝尔奖。1966年，他在一次报告会上透露希望自己还能多活25年，想多做一些研究的想法。报告会结束后，他收到了一封信。写信人建议他每天吃3000毫克的维生素C，保证他益寿延年。

鲍林大喜过望，开始服用维生素C，并增加了每天的服用剂量——每天服用18000毫克。

除了自己服用之外，鲍林还向民众大肆宣传吃维生素C的好处，如预防感冒、治愈癌症等。在他的宣传和影响下，许多美国人纷纷加入每天服用维生素C的队伍当中，有些人甚至要求医生开大量的维生素C。

1970年，鲍林出版了《维生素C与普通感冒》，建议民众每天吃3000毫克的维生素C。由于他两次获得诺贝尔奖，具有很大的影响力，这本书立即成为当时的畅销书，维生素C也因此供不应求。

然而，至少有15项研究表明维生素C并不能预防感冒或延缓衰老。尽管如此，很多癌症患者仍然坚信鲍林的观点，甚至声称维生素C可以减少死亡率。于是他们让自己的医生提供大量维生素C，当医生劝诫他们维生素C并没有效果时，他们会反问医生：你获得过诺贝尔奖吗？

人们过分信任和尊重权威人士的意见和决定，容易忽略自己的判断能力和思考能力，从而阻碍自己获取知识和真实的信息。此外，权威偏见可能导致权威人士滥用权力，对其他人造成不公正的待遇，甚至影响社会的公正。

权威偏见形成的原因

1. 社会因素

人们在接受教育、训练和熏陶等社会化的过程中，逐渐形成了尊重和信任权威人士的认知。这种认知可能使人们对权威人士产生盲目的信任和崇拜，导致权威偏见的形成。

2. 心理因素

人类天生就有一种寻求安全感和归属感的本能。在面对权威人士时，人们对权威由衷产生的信任和尊重，会让自己更具安全感，从而形成权威偏见。

3. 个体因素

个体的性格、经历、生活环境等因素也可能导致权威偏见的产生。例如，许多人从小就被教育要听家长和老师的话，听话的孩子更容易受到大人的赞许；工作之后，要听从领导和前辈的话，因为除了具备经验之外，他们还有一定的资历，可以获取更多信息。

怎样克服权威偏见产生的不良影响

1. 保持独立思考

独立思考的本质目的并非标新立异，而是拓展思维的广度和深度，通过对未知的探索形成新的认识，进而找到解决问题的新途径。例如，一篇文章提到亿万富翁都是凌晨4点开始工作的，你不要简单地以为"凌晨4点开始工作"就是他们获得成功的充分条件，并认为自己凌晨4点开始工作也能和他们一样获得成功。

2. 拒绝盲从

很多人在面对未知情况时，会倾向于相信大多数人，认为大多数人必然知道一些自己不知道的信息。这可能导致人们忽略自己的判断，做出错误的决策。所以，在面对未知情况时，不要轻易相信他人的观点，要提高自己获取信息的能力、思考的能力和判断的能力，从而做出理性的决定。

20

第三人效果：
媒体对他人的影响很大

有时候，媒体发布一些与产品关联的消息，相关联的产品就会卖断货，为什么会出现这种情况？一般来说，人们并不完全相信这类消息，然而，尽管人们觉得消息是假的，却心存一些顾虑：如果别人认为消息是真实的，就会抢购那些产品，以至于自己想买的时候买不着了。所以，人们纷纷加入"抢货大战"，并且为自己找抢购的理由——我和别人不一样，别人是相信，我是害怕别人相信。这样，人们在"众人皆醉我独醒"的想法中买了一堆商品。

这种做法和第三人效果有较为密切的关系。

什么是第三人效果

第三人效果是指过高估计媒体信息给他人带来的冲击，却低估了它们对自己的冲击的现象。换句话说，人们往往认为他人更容易受到消极信息的诱导，而自己能够合理地应对消极信息；但是在积极信息面前，人们往往表现出第一人效果或反转第三人效果——人们倾向于认为正面的信息对自己的影响大于对他人的影响。在这种情况下，人们往往会对他人接收到的信息做出错误的预测，进而影响到自己的行动。

美国哥伦比亚大学的 W.P. 戴维森 (W.P. Davison) 教授于 1983 年首次在其论文《传播中的第三人效果》中阐述了第三人效果的理念。他指出，当评价大众传媒的影响力时，人们往往认为大众传媒的信息，尤其是劝导、宣传、负面类的信息，并不总是对"我"或"你"产生显著影响，而是很可能对"他"产生显著影响。换言之，大众传媒的信息对他人的影响比对自己的影响要大得多。

在互联网时代，第三人效果的影响更为广泛，最明显的表现是有些人开始无法分清虚拟与现实。例如，一些人由于痴迷网络游戏，就忽略了一些游戏本身包含的暴力元素及这些元素可能带来的负面影响。

第三人效果产生的原因

1. 盲目乐观

盲目乐观会让人们过度放大自己的优点和长处，从而高估自己抵抗不幸事件和消极事件的能力，或者会在某种程度上认为自己能够降低遭遇不幸事件的风险，甚至认为自己在面对消极事件时能够展现出强大的抵御能力。

2. 自我服务式归因

自我服务式归因是指人们倾向于将成功归因于内部因素，而将失败归因于外部因素的认知偏见。它在维护个体的自我形象和自尊心方面起着重要作用。

依循自我服务归因理论的视角，第三人效果的成因就很容易被理解，即在大众传播的影响下，人们往往倾向于高估自己，认为自己在媒体面前具有独立见解的能力，具备较强的抵御媒体负面信息影响的能力，进而不断强化自我、自尊和自我价值。

3. 认知失调

认知失调是指人们不愿意认同与自己信念相背离的观念和态度，原因在于此举会令人们感到不适。在这种情境下，人们很难觅得清晰的真理，即使事实摆在眼前，也可能依然视而不见。

然而，在缺乏真实和有益信息的情况下做出的决策，容易产生不良后果。例如，吸烟被证实会导致癌症并引发多种慢性健康问题，多数吸烟者也知晓这一后果。尽管香烟包装上标注了"吸烟有害健康"的文字，然而，吸烟者往往会用"×××吸烟却活到九十多岁"的极端例子当作他们继续吸烟的借口。

怎样避免第三人效果产生的不良影响

1. 提高鉴别信息能力

任何信息从产生、传播到被人接受，都存在出现错误和偏差的可能。人们在互联网平台上所见到的信息，大部分会受平台运营商编写的算法影响。推荐算法变得越来越强大，人们的判断能力往往变得越来越弱。因此，我们要不断吸收更多的知识和经验，提高自己的信息分辨能力。

2. 营造良好的舆论环境

在面对不良信息的传播时，如何降低第三人效果带来的不良影响？这离不开良好的舆论环境，而营造良好的舆论环境需要多方的通力合作、共同努力。面对不良信息，媒体要积极、快速地采取行动，要公开、透明、真诚地对大众进行正确的引导；要进行自我监督，严格审核信息。大众也要不断提高自身的素质，做到不盲目跟风，逐步提高对信息的鉴别力。唯有如此，方能有效地克服第三人效果的影响。

21

谷歌效应:
我收藏了,就等于我会了

你是否遇到过这些情况：你经常看的一个知识点，想用时却想不起来；一首经常听的歌曲，却想不起它的名字；刚看完的时间，别人问起却答不出来；想要凭借记忆复述一份简单的资料却无法开口……人们的记忆力真的普遍变差了？电子设备真的会将人变傻？

其实，人们没有因为使用这些设备变傻，而是受到了谷歌效应的干扰。

什么是谷歌效应

谷歌效应又叫数码健忘症。它是指人们在使用互联网搜索引擎时，倾向于查找信息，而不是记住信息本身的现象。换句话说，人们能够借助搜索引擎轻松、快捷地获取大量的信息，就无须记住它们，只需要知道如何查找这些信息即可。一旦脱离搜索引擎，人就容易忘记已经查询过的信息。

2011年，美国的科研人员进行了四次实验，用来验证人们是否已经开始将互联网视为外部存储器。

实验一：被试者必须回答"是/否"类的琐事问题，然后完成修改后的斯特鲁普任务（用不同颜色写单词的任务，并要求识别单词的颜色）。研究人员比较了被试者识别"谷歌"等计算机术语颜色所需的时间与识别"耐克"等非计算机术语颜色所需的时间时发现：被试者在困难的琐事问题之后命名计算机术语需要更长的时间，这表明当被问到困难的问题时，被试者已经准备好使用思考计算机术语获得帮助，这分散了他们的注意力。

实验二：被试者被分成两组，每个被试者必须进行阅读并输入40个关于一般琐事的问题。一组被试者认为计算机会保存他们的回答，另一组则认为不会保存。研究人员发现，那些认为回答会被删除的被试者对琐事陈述的记忆效果最好。这个实验表明，人们可能不太善于记忆那些还有机会接触到的信息。

实验三：研究人员把被试者平均分成三组，让他们分别再次阅读并输入琐事陈述。第一组收到"您的条目已被保存"的提示，第二组收到"您的条目已保存到文件夹X"的提示，第三组收到"您的条目已被删除"的提示。随后，被试者要完成一项识别任务，他们会看到30条陈述，必须判断这些陈述是否与他们看到的陈述相匹配。结果表明，被试者对他们认为已被删除的陈述记忆最好。被试者还被问及该声明是否已保存，以及保存的位置。在这种情况下，被试者能更好地回忆起哪些陈述被保存而不是哪些被删除。

实验四：被试者被告知他们阅读的所有琐事语句都将保存到特定的文件夹中，他们需要写下自己记住的所有琐事陈述，并确定信息的保存位置。结果表明，被试者更容易记住琐事语句被保存到哪个文件夹，而不是琐事语句的具体内容。

上面的实验结果表明，数字正在改变人们的思维方式——人们可能暂时无法消化深度编码的信息，却记得随时搜索或加入收藏夹。也就是说，人们以为信息已经被归档了，实际上这些信息大多被遗忘了，即"我收藏了信息，就等于我会了"。

你是否有过下面这种做法：看到实用性的文章毫不犹豫地收藏，却从来没有认真看过。正所谓：现代人的收藏夹里，藏着他们全部的野心。

人们知道相关知识可以查到之后，就会越来越不愿意去记，记忆力也开始衰退，进而能记的东西也越来越少。互联网为人类创造出一种新的学习和记忆机制——更少记忆，更快遗忘。例如，当你想向朋友推荐一部电影时，无须再从碟片柜里翻找，只需发送一张豆瓣主页的截图，包括剧情、主创和评分等基本信息，便可让对方一目了然；当你想翻看曾经旅行的照片时，不需要再翻出又大又沉的相册，只需点击照片库、云相册或朋友圈并定位到当时的日期；当你想去吃一顿大餐时，不再需要回忆去过的每一间餐厅，只需打开美食软件浏览曾经的打卡记录和点评内容；等等。从几百年前的历史资料到一分钟前拍摄的照片，我们通过一块屏幕就能触及。

人们下意识地把网络当作存储信息的媒介，甚至将网络当作自己认知工具的一部分，渐渐地不再主动记忆信息。长此以往，人们将过度依赖网络，容易造成隐患。

谷歌效应存在的隐患

1. 过度依赖电子设备

如果人们习惯把所有信息都存储在电子设备上，而不是由自己记忆这些信息，就容易产生过度依赖电子设备的问题。有些人和电子设备短暂分离，会产生焦虑、不安等情绪，甚至无法顺利地完成简单任务。例如，有些人习惯将一些重要事项记录在手机中的备忘录里，他们一旦忘带手机或手机出现故障，就无法查看这些事项，可能造成不必要的损失。

2. 降低生活体验

现代人习惯于在旅游、用餐、逛展览的时候使用手机记录这些美好的瞬间，这固然能帮助我们更长久地存储回忆，可是把重点放在拍照片上，而不是欣赏美景、品味美食上，就会削弱对活动的体验感。

美国费尔菲尔德大学的心理学教授琳达·汉高（Linda Henkel）曾让两组被试者参观博物馆，要求其中一组拍摄参观中的展品，另一组则没有拍摄的要求。游览完毕后，实验人员测试所有被试者对博物馆内展品的记忆，结果显示那些拍照的被试者回忆出的细节很少，没有对展品拍照的被试者则能回忆起很多细节。

怎样克服谷歌效应产生的不良影响

1. 有意识地搜寻信息

有意识地搜寻信息就是要求人们在利用互联网检索信息

时要主动思考，吸收查到的内容，而不是不加消化、不加思考地使用这些内容。另外，在查找重要资料时，也要避免一心多用，把注意力集中在当前任务上，防止被其他不相关的信息分散注意力。

2. 将想要记忆的内容记录下来

俗话说，好记性不如烂笔头。从大脑加工信息的角度来看，这句话是比较科学的。人们将新知识或想到的内容用手写下来，会让意识更加投入。吸收、重现信息的过程需要人们对内容进行深度加工，这一过程可以帮助大脑将接触到的信息记得更加牢固。

3. 适当给电子设备"放个假"

当然，想要直接减少谷歌效应给人们造成的影响，最直接的方法还是减少对电子设备的依赖。虽然手机、平板电脑等电子设备给人们生活增加了许多便利，但是在面对简单的记忆任务时，不妨更多地依赖自己的大脑，让它处于经常思考、记忆的活跃状态。当意识到自己可能对电子设备存在过度依赖的倾向时，你就要适当调整使用策略，有意识地锻炼大脑，这会有效地消除诸如谷歌效应等电子设备造成的负面影响。

22

逆火效应:
永远不要试图说服一个人

你是否有过这样的经历：你试图纠正某人对某件事的看法，但他在听了你的观点之后，更加坚定自己的观点和行为。例如，你建议你的一位朋友增加阅读量，他可能会用"读书无用"来反驳你，并用自己只有高中学历的亲戚经营着一家规模不小的公司的例子来佐证。

为什么人们想要修正他人错误的看法，反而会让对方对错误的看法更加根深蒂固？

心理学中的逆火效应会为你解答疑惑。

什么是逆火效应

逆火效应是指人们在接受与自己信念相悖的信息时会更加坚定自己的信念的现象。也就是说，一个人思维固化后，别人是很难说服他的，你说得越多、越想纠正他，他越觉得自己是对的。

逆火效应于2011年由美国记者戴维·麦克雷尼（David McRaney）提出。他发现，一个人在公众面前，越想要辩解，越想要据理力争，越会被更多的人否定，甚至攻击。这也是网络暴力屡禁不止的主要原因之一，即使某个人有充足的证据、真实的事实信息证明自己是清白的或者是无辜的，公众也会视而不见，并且想方设法地找出证据强化自己的观点、信念和认同感。

在美国，每年流感季都会导致数万人死亡，产生数亿美元的医疗成本。2018年，美国芝加哥大学的一项针对美国民众的研究报告指出，约有43%的受访者认为流感疫苗会导致流感暴发。为了纠正民众对流感疫苗的误解，美国疾控中心在其官方网站上发表了科普文章，以改变民众对流感疫苗的认识。一段时间过后，科研人员对此项举措进行了调查，调查结果显示，科普文章虽然消除了人们的误解，但是引发了他们对疫苗副作用的关注，与此同时，该文章降低了受访者接种疫苗的意愿。

人们试图纠正他人的行为如同一把炸膛的枪，没有射出子弹，却伤害了自己，使得被纠正的真实信息无法得到传播。人们被动地接受狂轰滥炸的信息容易产生一种对已有观念进行保护的本能，防止受外来信息的侵害。但是这种本能会减少当事人对自己的怀疑，并将自己的观点视为理所当然的事实。这也是有些人非常固执的原因之一。

一些缺乏接受真相的能力的人，往往陷入逆火效应而不自知，他们只愿意相信自己相信的内容，哪怕这些内容是谣言。

逆火效应产生的原因

1. 记忆强化

人类记忆的形成主要依赖于大量神经元的联结。人们坚信一个观点的时候，就是在不断强化神经元之间的联结。这个过程如同形成一道坚实的防线，让相关神经元之间的联结变得更加紧密，不断加固人们对某一事物的看法，确保人固有的信念不会动摇。当自身的观念被攻击时，人的大脑会自动地进行防御和反击。

2. 心理抗拒

心理抗拒是指当某种限制导致人们感到自主权或面子受到威胁时，他们会产生逆反或抗拒心理，继而产生夺回自由的想法或行为的现象。具体表现为，人们更加相信被限制的观念或更多地做出被限制的行为。

人们如果接受威胁自己信念的信息，可能会感到焦虑、不安或失望，也就是所谓的"丢面子"。为了减轻这种负面情绪，人们可能会更加坚定自己的信念，以保护自己的心理健康。

怎样避免陷入逆火效应

1. 解除习惯性防御

习惯性防御是人的本能，它是指为了使自己或他人免于因说真话而受窘或感到威胁，形成的一种根深蒂固的习性。最直接的解释就是：你会在潜意识里为自己找借口。

要想避免逆火效应，就需要解除习惯性防御。当你的信念受到挑战时，不要立刻反驳或抵触，而是自我反省，思考自己的信念是否正确或需要调整，并进行理性的分析和评估。

2. 把事实和观点区别开

事实和观点往往是一起出现的，但是它们代表的意义可能是完全不同的。事实指的是已经发生或已知存在的真实情况，它可以用证据证明。观点指的是对一件事的个人判断，它会受个人的感情、思想、经历价值观等因素的影响，无法用具体的证据测试。

人们需要接受不同的观点和信息，进行理性的分析和评估，所以不要轻易否定或忽视与自己不同的看法。例如，当听到一些与你的信念相反的观点时，你可以问自己以下问题：

这些观点是否有逻辑和证据支持？

这些观点是否能够解释现实世界的现象？

是否还有其他的证据或观点支持我的信念？

3. 不轻易对别人评头论足

与他人进行建设性的沟通和交流，听取对方的观点和意见，尊重他人的看法，避免争吵和攻击。例如，在交谈过程中，你可以这样做：听取对方的观点和意见，尝试理解对方的立场和思维方式；尊重对方的信仰和观点，不要攻击或贬低对方；通过分享自己的经验和观点，促进对话和交流，而不是争吵和纷争。

23

自私偏见:
功劳归于自己,失败归于他人

如果让你给自己打分，你会打多少分？我想大部分人都会为自己打出高分，因为人们愿意相信自己是非常优秀的。比如，取得好成绩时，人们习惯把自己的能力和努力视为成绩优异的原因；成绩不理想时，则归因于题目太难或自己的运气太差。又如，面试通过了就是自己能力强，没通过就是面试官缺乏眼光。

为什么会出现上述情况？这是因为人们受到了自私偏见的干扰。

什么是自私偏见

自私偏见是指人们倾向于将积极的事件和成功归因于自己的性格或行为，但将消极的结果归咎于外部因素。

自私偏见于1960年首次被提出，最初是通过与归因偏差并行进行的研究而得到发展的。在这项研究中，德国社会学家马克斯·韦伯（Max Weber）对一组学生进行了实验。他要求学生们对自己和其他人在不同领域的能力水平，例如智力、创造力、领导能力等进行预估。结果显示：学生们高估了自己的能力，同时低估了他人的能力。韦伯还发现，人们倾向于将自己的成功归因为内在因素，例如才智和努力，而将他人的成功归因于外在因素，例如运气和机会。因此，人们更容易看到自己的优点，忽视他人的优点。

自私偏见产生的原因

1. 渴望成功和增强自我形象

每个人都期待成功，讨厌失败和失败带来的失落和沮丧。每当人们历经辛勤付出并取得预期的收获，会不自觉地将所有的成功归于自己的英明决策和不懈努力；当遭遇到失败和挫折时，有时会将失败的原因归咎于外部的不利环境，为自己找一个看似合理的借口，以摆脱内心的沮丧和焦虑。

2. 自尊心和自我防御

人们渴望提升自己的形象和自尊心。为了让自己更加自信，人们常常认为，他人和自己具有类似的行事和思考程度。这种现象正是本书提到的错误共识效应，即人们在处理事务和问题的时候，常常会高估自己的信念、判断和行为的普遍性，容易认为他人和自己有同样的观念和想法。例如，他人和自己一样珍视自己珍视的事物，在意自己在意的话题，并愿意倾听自己的想法和意见等。

具有自私偏见的人的表现

1. 自我服务归因

对于具有自私偏见的人来说，他们很喜欢把成功的因素归为内因，将失败的原因归结于外因。在那些既靠能力又凭运气的情景里，这种倾向更为常见。如果在这种情景里成功了，他们会认为自己的能力起了决定性作用；如果失败了，他们则认为自己缺乏好运气。

2. 盲目的乐观主义

由自私偏见引起的乐观和人们常说的乐观主义是两种完全不同的概念。乐观主义对生活中的大多数给予希望，而盲目乐观的人在对自己的未来充满希望的同时，对别人的生活持相对悲观的态度。

怎样避免自私偏见产生的不良影响

1. 全面看待问题

人们应该全面地看待问题，用开放的心态接纳自己的情绪，接纳不同的声音和看法。例如，学会从内部因素和外部因素或者更全面的角度看待、分析问题。

2. 多聆听他人看法

人们经常认为自己的观点、做法是正确的，而不愿意采纳他人的意见。事实上，在很多时候，他人提意见的初衷是解决问题，一些人却因为抵触而未能采纳，导致问题无法顺利解决，人际关系也因此恶化。

3. 调整应对行为

在全面看待问题、多聆听他人看法的基础上，不妨调整自己的应对行为。通过学习不断提升、调整自己，降低自己被自私偏见误导的概率。

例如，当他人成功时，多分析他人成功的原因，并向他人学习；当他人失败时不要直接否定对方的能力，而是要思考自己做，结果会怎样，以及这项工作是不是本来就是充满挑战的；等等。

即使取得成功，我们也不要骄傲自大，要分析自己哪些关键行为是成功的重要因素。当我们失败时，也不要简单地将失败的原因判定为外部原因或者运气不好，多分析自身原因：哪些是自己确实没有做好的，如果别人来做这件事情，是否会失败。

24

组内偏爱:
人们更愿意相信自己人

俗话说："老乡见老乡，两眼泪汪汪。"你如果在一个陌生的环境，很大概率会找与自己有一定相同特征的人做朋友，比如，公司聚餐，你会倾向于与自己部门的同事坐在一起。

在日常生活中，为什么人们通常会表现出相信自己人的倾向？这和组内偏爱有一定的关系。

什么是组内偏爱

组内偏爱是指个体倾向于对与自己属于同一群体的成员给予更多的支持、关注和善意，而对不同群体的成员持有负面的态度或行为。组内偏爱可能导致不公平或不平等现象，影响团队或组织的整体表现。

同类的人往往会互相认可，非同类的人往往会互相排斥。正因为如此，人们才会习惯性地与和自己相似的人群接触，这样能够避免被排斥，减少摩擦与冲突。然而这往往容易扩大群体之间的差异，在与自己群体以外的人相处时，人们可能难以获得对方群体的认可，进而对这个群体产生一系列偏见。

组内偏爱产生的原因

1. 需要得到社会认同

组内偏爱产生的最主要原因就是社会认同理论。人们喜欢对事物进行分类，包括自己。通常人们对自己身份的概念部分是基于自己所属的社会类别，而社会分类既可以帮助人们认识自己及自己在社会中扮演的角色，也会使人们被迫和他人划到一个组别。

2. 群体依赖

组内偏爱往往发生在人们没有意识到的情况下。虽然人们认为自己对他人的判断是公平合理的，但是组内偏爱表明，人们与群体外的成员互动时，并不能做到一视同仁，甚至会对做错事的群体内成员更加宽容。比如，在比赛中，人们往往支持自己所在城市的球队，即使他们在比赛中失利，也会对他们比较宽容，不忍心苛责。组内偏爱会对人们的决策产生一些影响，使当事人更愿意做出有利于自己群体的决策，哪怕这些决策是错误的。

怎样减少组内偏爱的负面影响

相关研究表明，与其他群体进行互动，激励人们用公正的方式行事，将有助于减少组内偏爱产生的负面影响。

1. 鼓励沟通与合作

研究表明，不同群体之间齐心协力为同一个目标努力，可能会减少这类偏见。所以，人们要摘掉"有色眼镜"，让"我和他"变成更大的"我们",即不断扩大"我们"这个圈子。如此一来,即使是基础的沟通也会有效降低人们对他人的苛责。此外,尝试参加多元化的沟通与交流,拓宽自己的视野,同样会帮助人们少受组内偏爱的影响。

2. 努力公正

在多元化的社会中,人们要学会倾听不同的声音,用包容的心态对待他人不同的观点。建立公平的社会规则,激励人们以公正的方式做事,有利于构建公正的秩序,从而形成和谐的氛围。

偏见是人性的弱点,人们无法避免,也无法控制他人对自己的偏见。人们要尽量做到不被偏见所累,不因他人的偏见而怀疑自己。

25

外群体同质性偏差：
圈外人千篇一律，圈内人百里挑一

为什么很多人会对自己不熟悉的地方做出以偏概全的评价？因为人们很容易陷入外群体同质性偏差的误区中。

什么是外群体同质性偏差

外群体同质性偏差是指人们认为自己所在群体的成员具有更多的个性化特征和差异性，而外部群体的成员更倾向同质化或更加相似。

1980年，美国的研究人员做过一个实验。研究人员让被试者观看一段关于两个群体（学生和教师）的视频，并要求他们评价两个群体成员的个性化特征。

结果显示，被试者更倾向于认为自己所在群体中的成员具有更多的个性化特征和差异性，外部群体中的成员更加同质化和相似。例如，被试者更容易记住自己所在群体中的成员，忽略外部群体的成员。此外，被试者更倾向于将外部群体的成员看成"他们"，即一个整体，而不是个体的、单独的人。

这项研究表明，外群体同质性偏差是一种普遍存在的现象，可能导致人们对外部群体中的成员产生刻板印象和歧视，进而对社会关系的和谐产生负面影响。

外群体同质性偏差导致的刻板印象经常在地域关系中出现，这正是地域歧视的成因之一。人们可以这样理解地域歧视的实质：一群受相同的文化和成长环境滋养，形成并保持相同精神特质和行为模式的人，在遇到与自己的精神特质和行为模式存在显著差异的另一群体时，会通过贬损对方群体的行为强化自己的群体认同，实现自我对群体优越性的追求，最终通过增强自身群体属性保护自己。也就是说，地域歧视在本质上是一种自己人对别人的防御性行为，其轻微表现有调侃、贬低等，重度表现则有谩骂、人身攻击、群殴、争斗等。

除了地域歧视，外群体同质性偏差也会导致种族歧视、性别歧视等歧视性现象，这些歧视现象影响了被歧视群体的生活和发展，甚至限制了这些群体的自由和平等。

此外，外群体同质性偏差还容易导致社会矛盾和冲突。在它的影响下，人们容易对其他群体产生误解，甚至产生不必要的矛盾和冲突，影响社会的安定与发展。

外群体同质性偏差产生的原因

1. 认知效应

人们更容易记住自己所在群体中的成员，因为成员之间经常接触，彼此更加熟悉。这容易使人们对自己所在群体中的成员进行个体化处理，对外部群体中的成员进行同质化处理。

2. 社会认同理论

通常，人们会将自己的自尊心、身份与自己所在的群体联系起来，从而更容易看到自己所在群体中的成员的个性化特征和差异性。相反，人们可能会将外部群体中的成员视为"其他"，从而更容易看到他们的相似之处。

怎样消除外群体同质性偏差的不良影响

1. 克服主观偏见

当一个人用自己的喜好评判他人时，他的判断必定有偏差。用错误的方法评判他人，通常会得到一个错误的结论。要想消除外群体同质性偏差的影响，首先要克服主观偏见。我们要尝试用不带偏见的眼光或言论看待或评价另外一个群体的人和事，并能从客观的角度看待人和事，接受分歧。

2. 减少群体盲思

群体盲思是在集体压力下，个体思考和道德判断被群体意识取代的现象。由于人们对群体的过度信任，排斥不同观点，往往忽视了对更多方案的可能性评估。在群体中，如果过于放大某方面的信息，就会导致观点极限化，加强从众效应，从而导致群体盲思，极限化了外群体同质性偏差。

那么，人们该如何减少群体盲思带来的影响？

一是要容许群体内的成员持不同意见，充分表达自己的想法。在讨论问题时，各方意见可以相互碰撞、相互启发，这才有助于揭示问题的本质。质疑者和持不同意见者会从不同的角度对问题进行分析，有助于人们找出解决方案，为决策者提供更为可靠的依据。

二是应该鼓励反对者提出质疑,避免固执己见。比如,鼓励对彼此的想法提出质疑:你为什么支持这个观点?你的具体想法有哪些?等等。

26

信念偏差：
人们很难说服他人

你告诉你的长辈不要迷信，即使用科学向他们解释，他们也不一定听得进去；你和你的朋友争论一个观点，即使你再有理有据，对方也不会动摇自己的想法。

为什么我们很难说服他人？因为我们存在信念偏差。

什么是信念偏差

信念偏差是指因为相信某个结论进而认为推理出该结论的过程是有道理的、合乎逻辑的现象。可以把这种偏差理解为：人们是根据自己认为的结论的可信度对结论做出判断的。即人一旦形成自己的观点，很可能固执己见；一旦出现与自己相反的观点，人们会寻找支持自己观点的证据支持自己的观点。信念偏差会让推断成为证据的一部分，从而忽视真正的客观事实，并让当事人在错误的观念中渐行渐远。

为了更好地研究这一偏差，研究人员曾经进行过一项实验。在实验开始前，他们会向被试者灌输一种观念，或宣布某一结论为真；然后要求被试者解释该结论正确的原因；最后，研究人员会向被试者说明实情：实验开始前提供的信息都是人为编造的，其结论与客观事实相反。

实验结果有些出人意料：只有 25% 的人接受新结论，更多的人还是坚持自己已经接受的结论，即当人们为错误的信息构建理论基础后，很难承认这条信息是错误的。

信念偏差的负面影响

在现实生活中，这种信念偏差经常会被传销、虚假广告或所谓的"算命大师"利用，让人们对其言论深信不疑。比如，许多销售人员为了强调销售的药品具有神奇的功效，总是举许多治愈重大疾病或疑难杂症的例子，并将其无限放大，却对失败的或出现严重副作用的例子只字不提。一旦被灌输，当人们再次看到相关事例时，他们就会从对事例半信半疑转变成有确凿证据的相信，并且觉得自己是非常客观和有科学依据的人。

当一个人觉得某个项目赚钱时，他就会去搜集证据进行证实：如果发现身边 100 个人都通过这个项目赚到了钱，于是得出结论，这个项目会赚钱。很多庞氏骗局都是利用信念偏差，刚开始让客户赚钱，使得新客户很容易上当。

由此可见，理性思考能力是如何被信念偏差降低的。更糟的是，一旦人们遇到一段更加复杂且充斥着各种修辞手法的推断，信念偏差的干扰会大大增加。在当下的环境中，信息茧房的影响越来越大，个人保持自己信念的倾向只会越来越强，也就是当遇到与自己信念相悖的证据时，我们会坚持自己的看法，同时寻找对方证据中的错误逻辑，忽略支撑自己观点的错误逻辑，即使在明知证据无法支撑观点的情况下，也会坚持自己的看法。这可能会让那些毫无逻辑的推断也成为证据的一部分，而让客观的证据被忽视。所以，信念偏差可能在很大程度上影响人们的日常生活，甚至产生社会问题。

怎样避免信念偏差产生的影响

1. 运用假设分析法

假设分析法是指先提出假设，然后对假设进行检验，以确定假设的正确性。例如，你的手机屏幕不亮了，你会怎么做？你可能认为手机电量耗尽，于是给手机充电，然后试着打开手机；如果充电后，手机仍然无法开机，你可能怀疑它的按键有问题，并且进行确认。

假设分析法看似很简单，却很符合逻辑思维。

其基本思路是：对所有可能的假设进行全面的考察，在较大的尺度上对假设进行罗列；通过建立"假设—证据"矩阵，判定各证据与各假设之间的一致性；再次评价假设和证据之间的一致性，并将其标记为与其他假设一致的证据，从而得出初步的结论；最后对这些重要的证据进行评价，以判断它们是否与全部的逻辑推理相一致，而非只同局部的逻辑推理相一致。

2. 尝试逆向思维

逆向思维是一种人们反过来思考司空见惯的事物或已有定论的事物，将思维转向对立面，从问题的反面深入探究事物的思维方式。

通常情况下，人们习惯沿着事物发展的正向轨道进行思考，然而有时无法顺利地解决问题。如果对某些特殊问题从结论开始往回推，可能会让问题变得简单。

27

防御性归因:
人们总是在找借口

一些人会把在生活和工作当中遭遇的一切不如意,习惯性地归咎于外部因素,比如,考试成绩不理想,是自己的运气不好;工作失败,是自己没有遇到好的老板;减肥失败,是天气不好影响了自己运动的节奏……

人们为什么总是喜欢给自己找借口?这和防御性归因有很大的关系。

什么是防御性归因

防御性归因是人们在归因过程中表现的最普通的一种动机性偏误。它是指在面对失败或不愉快的事件时,人们倾向于将责任归于外部因素,而将成功的事件归于内部因素。

一般而言,防御性归因的心理机制跟个人的自我意识,以及自我控制能力有一定的关系。因为人们习惯站在对自己有利的位置上,把正确的结果视为自己的功劳,把负面的结果归咎于环境,所以不能客观、公正地分析事件产生的原因。比如,你喜欢的歌手在一场演出中出现失误,你不会将失误归咎于歌手,而是认为这是一个意外:可能是麦克风出了故障，可能是歌手过于劳累，也可能是其他原因。

从心理层面上看，防御性归因可以提高个体的自我价值感，防止个体的自尊心受到伤害。从行为后果的层面上看，防御性归因可以使人不必对失败的后果承担责任。人们常常为自己开脱责任，逃避惩罚，便是防御性归因的使然。

防御性归因引发的后果

在现代社会中，防御性归因可能会引发一系列后果。

首先，防御性归因会导致人们对自身能力的错误评估。人们一旦将成功归于内部因素，就会高估自己的能力和表现，同时降低对未来失败的预判。相反，人们将失败归于外部因素，就会低估自己的能力和表现，这也可能影响未来的表现和决策。

其次，防御性归因可能导致人际关系和组织内部的紧张与冲突。人们如果将失败归于外部因素，可能会指责他人或外部环境，容易导致人际关系的冲突、合作关系的破裂；人们如果将成功归于内部因素，可能会忽视或轻视他人的贡献和努力，不利于组织的和谐发展。

最后，防御性归因可能会影响人们的心理健康和幸福感。人们如果无法承认自己的失败或错误，就可能感到焦虑、压力和挫败感。相反，人们如果对自己的能力和表现做出正确的评价，可能会感到满足、自信和幸福。

怎样避免防御性归因造成的不良影响

1. 正视防御性归因的存在

了解防御性归因的概念和影响，知道哪些行为是由防御性归因引起的，并对我们自己的行为负责。一旦发现自己不断地寻找借口，我们就应该停止，并认真思考自己找借口的原因，开始调整自己的行为。

2. 兼顾内部因素

在面对他人遭遇不幸事件时，应该考虑外部因素对于事件的影响，比如环境、其他人的行为等。在面对自己的失败或者挫折时，我们除了要考虑外部因素的影响，比如机会、资源等，也要意识到自己还有许多提升的地方，并且利用一些资源，提升自己的能力，例如参加各种培训、阅读有益的书籍等。

3. 接受正确的建议和反馈

在面对挫折与失败时，我们可以寻求他人的帮助和支持，以减轻自己的焦虑和恐惧感，同时增强自己应对挫折与失败的能力。认真听取别人的建议，学会及时反思，找出自身的问题，并及时纠正导致问题的行为。

28

现状偏见:
我很满意当下的生活,不想做出改变

你有没有在一个地方住久了就不想再搬家的想法？你有没有免费试用的东西，试着试着就买下了的经历？如果你的回答是肯定的，那么你就被现状偏见"砸中"了。

什么是现状偏见

现状偏见是指人们对于当前的状况或状态持有过度满足或过分接受的态度，不愿意主动改变或追求更好的状态或结果，即使当前的状况确实劣于其他选择，也会做出维持现状的决定，并将所有的改变视为损失。

研究人员为了更好地研究现状偏见，做了一项实验。研究人员向参加实验的多名学生随机发放糖果和杯子，并在一段时间后告诉他们，可以用手中的糖果和杯子同其他学生交换。由于分发的物品是随机的，也就无法确定拿到杯子的人是否正好喜欢杯子，或者拿到糖果的人是否正好喜欢糖果。但事实上，有90%的人不愿意交换，这表明人们普遍不愿意改变现状。他们主观上认为如果想要改变现状，就必须付出额外的代价。

现状偏见在日常生活中的体现

在生活中,这种偏差更容易体现在家庭关系和职业选择上。例如,虽然对目前的家庭关系不太满意,但人们还是努力维持现状;即使目前的工作不适合自己,也会一直这么做下去。现状偏差让处于生活困境中的人无法摆脱现实的束缚,会不断地做出妥协和退让。它不仅让人失去了许多选择的机会,也会让人变得更加疲惫和压抑。

许多商家深谙此道,他们巧妙地运用这种现象引导消费者。例如,在售出产品前,有些化妆品厂商会允许消费者试用产品,不满意可以退回,满意才需要付款。在大多数情况下,只要该产品不是很难用或消费者没有出现不适,消费者往往选择付款而非退还。

现状偏见不仅仅局限于个人认知和思维,也存在于社会群体和机构。例如,性别、地域等偏见仍然在社会上存在,导致一些人无法享受公平的待遇和机会;招聘单位可能更倾向于录用有经验的人,而忽略新人的潜力。这些做法的本质就是现状偏见,它导致人们经常在同一条轨道上思考问题,这在一定程度上限制了思维的广度和深度。

现状偏见产生的原因

1. 损失厌恶

损失厌恶是指面对同样数量的收益和损失,人们认为损失更加令他们难以忍受。损失厌恶会影响人们的决策,可能会让人因害怕失败而无法选择最有利的选项。因此，人们偏向维持现状，而不是选择替代方案。

在默认选项及其替代方案之间进行选择时，我们要将现状视为参考点或基线。现状是我们正在经历的，也是比较熟悉的。在考虑替代选项时，我们要更加注意它的潜在损失，而不是其潜在收益。

2. 直觉决策

人们往往会对自己熟悉的事物产生认知惯性，习惯于接受当前的状态，并且在通常情况下，认为偏离现状是一种风险，这种风险存在潜在的损失或负面结果。当面临选择时，人们不能总是轻易地做出正确的决定，现状偏见缓解了人们在感到不知所措时产生的压力，久而久之便养成认知惯性。然而，现状偏见容易使人们对潜在的问题或改进的机会视而不见。

3. 沉没成本谬误

沉没成本谬误即基于已经投入的资源和时间做出决策，人们往往忽视了其他相关因素，做出了错误的决策，造成了更大的损失。继续投入再次加重沉没成本，以致形成恶性循环。

怎样避免现状偏见产生的不良影响

1. 提高自我清晰度

对自身状况的了解越多，就越能看到自己内心的逃避。提高自我清晰度，能够让人们在面临突破和挑战时减少挣扎，避免行为上的后退。

提高自我清晰度还可以让人们明确自我定位，更加客观地分析自己，改变自己，进而突破自我。人们如果能保持开放的心态，接受新思想、新观点、新经验，抓住改善的机遇，就能更好地发现和解决问题。

2. 学会标尺管理

人们之所以有时不愿意改变，是因为缺乏清晰的人生目标。一旦确立了清晰的目标，有了行动的标尺，人们就容易积极行动，努力改变，不断追求进步。

如何制定这杆标尺？首先，选择标杆，也就是你要达到的最终目标；其次，要找出现阶段自己和目标的差距，例如，学历、能力；最后，确定具体的行动方法，可以通过阅读、听课、参加培训等途径，提升自己的专业能力和知识水平。

3. 运用类推思维解决暂时无法处理的问题

类推思维，即通过对已有经验、已有知识进行类比，找出问题答案的思维方法。类推思维在问题求解中的应用实质上是人们运用类推的方法，找出看起来毫不相干的事物之间存在的共同之处或相似之处，并将其应用到具体问题当中。

29

阻抗理论：
越不让做的事情我越要做

你是否有过这样的经历：家长越是催促孩子做作业，孩子越是不愿意做。

为什么我们的好意相劝，对方不仅不领情，还会愤然抵抗？这和阻抗理论脱不了干系。

什么是阻抗理论

阻抗理论主要是指在接受新信息时，人们会根据自己的信念和态度有选择性地接受或拒绝某些信息。如果某些信息让自己感到不快，就会做出反抗的行为捍卫自己的自由。

阻抗理论最早由美国心理学家卡尔·霍夫兰（Carl Hovland）提出。他指出，人们对新信息的接受程度取决于三个因素：信息的来源、信息的内容和受众的特点。如果信息的来源可信，内容与受众的信念、态度相符，同时受众具有较高的知识水平和态度稳定性，那么此信息就容易被受众接受。

1966年，美国社会心理学家杰克·布雷姆（Jack Brehm）通过一项反对饮酒的实验，对阻抗理论进行验证。一条言辞激烈的反对饮酒的宣传广告，可能会被饮酒者认为是对自己饮酒自由的威胁，反而增加了他们的饮酒量，宣传效果会大打折扣；而一条比较温和的宣传广告的效果可能会让饮酒者思考饮酒的危害，进而减少饮酒量。

阻抗理论揭示了人们对行为自由、选择自由的强烈需求和渴望。人们如果感到自己被胁迫做某件事，会不由自主地对胁迫做出反抗，通常表现为对被限制行为的更大偏好，或者做出与胁迫内容相反的行为，即"越不让我这样做，我越要这样做"。

即使一个人某项并不重要的权利被剥夺后，他也会做出激烈的反应。事实上，权利所包括的具体内容并不一定是最重要的，人们更看重的可能是行为自由本身，即"我可以不重视、不行使这项权利，但你不能剥夺我拥有它的自由"。

阻抗理论的表现

阻抗理论认为，人们更容易接受那些与自己的信念和态度相符的信息，抵触那些与自己的信念和态度不符的信息。人们倾向于认为自己拥有某种程度的行为自由，但现实往往事与愿违。比如，学校禁止学生将手机带进校园，公司分配给员工不愿接受的工作任务等。当这些情况出现时，人们可能会因此感到行为自由受到威胁或限制，进而出现阻抗反应。更具体地说，人们会呈现出一种以痛苦、焦虑、抵抗和恢复行动自由的愿望为特征的行为动机状态。

举个例子。你到一家人均消费上百元的餐厅吃饭，餐厅赠送你一张价值 5 元的代金券。对你而言，这张代金券并不能省多少钱，甚至在几天之后，它可能会被你遗忘在某个角落。但是，你发现本来应该正常发放的代金券却因餐厅认为你不再光顾而被擅自取消了，你就会对餐厅有所不满。

阻抗理论反映的是一个简单却重要的事实：人们重视自己拥有的自由，当行为自由受到威胁时，无论行为本身是否重要，都会努力捍卫自己的自由。

结合阻抗理论，人们或许可以尝试理解为何好心劝说对方不要做某事时，对方会出现抵抗情绪。如果对方认为劝说对其行为自由构成威胁，很容易出现愤怒情绪、抵触和反驳行为，对外部提供的信息持有消极态度。

怎样避免阻抗理论产生的负面影响

1. 尽量避免使用强制性词汇

在劝说他人的过程中避免使用具有强制性语气的词语，比如"应该""必须"等，这类词语听起来具有一定的胁迫性，容易引起他人的反感。一些带有商量意味的词语，比如"建议""尝试""考虑""可以"等词语则相对温和得多，他人也比较容易接受。

2. 调整劝说方向

受到框架效应的影响，人们的决策会因积极或消极表述的不同而有所差异，这种解释也可以用在对他人的劝说上。当人们使用消极框架，也就是强调行为的负面结果时，很可能会给他人带来一定的威胁。

比如，在劝说对方不要酗酒时强调喝酒对身体健康的危害，会损害肝脏等，即使对方知道喝酒对身体不好，一旦认为自己的行为受到限制，就可能采取愤怒抵抗的回应方式。

所以，为了缓解对方的抵抗情绪，人们可以考虑用积极框架的描述，突出所给建议的积极影响。

30

赌徒谬误:
我下次一定能赢

假如你现在抛一枚硬币，连续三次都正面朝上，你认为第四次投掷：

A. 出现反面的可能性更大。

B. 出现正面的可能性更大。

C. 出现正面和反面的概率一样大。

你可能认为已经连续三次抛出了正面向上，连续四次抛出正面的概率会很小。但你忽略了一个问题：硬币只有正、反两面，下一次硬币抛出正与反的概率都是50%，与前几次的结果没有关系。这类似一个赌徒运气不好，以为自己输了几局之后就一定能翻盘。事实并非如此，他下一场的胜负与前一场的结果毫无关系。

为什么人们会认为如果随机事件发生了几次后，再发生的概率就会变小？在心理学上，这被称为赌徒谬误。

什么是赌徒谬误

赌徒谬误是指随机试验中，当结果与期望有偏差时（如抛硬币结果正面远多于反面），人们相信随后试验会向相反的方向发展。具体来说，人们认为某个事件在之前的结果中出现的次数越多，它在未来出现的概率就越小，或者认为某个事件在之前的结果中出现的次数越少，它在未来出现的概率就越大。

为验证这种认知偏差，有研究者对40位博士进行过一项实验。研究人员让他们玩100局简单的电脑游戏，该游戏有60%的胜率。研究人员还为每个人提供了1万美元的资金，让他们自己决定每次下注的金额。参加实验的40位博士有多少人赚到了钱？答案是：只有两个人赚到了钱。

实验结果显示，在不利的情况下，他们往往会增加下注的金额，在顺境中会减少下注的金额。假设每次下注的金额为1000美元，前三局都输了，此时他们每个人手里都只剩7000美元。面对这种情况，大部分人的想法是：我已经连续输了三局，既然游戏的胜率是60%，那么这一次我应该能赢。尽管不少人加大了下注的金额，却没有获得胜利。当这些人手中的金额已经所剩无几时，就很难翻盘了。

赌徒谬误在生活中也有所体现。例如，不少人认为"风水轮流转"。尽管这句话符合一些真实情况，但是把这种思考方式运用到前后相互独立的随机事件上时，就会陷入赌徒谬误。

赌徒谬误产生的原因

1. 心理需求

在面对不确定性和随机性的情况下，人们往往会产生一种强烈的心理需求，希望能够找到一些线索和规律，以便更好地应对未来的风险。

2. 认知偏差影响

人们的判断和决策往往受各种认知偏差的影响，例如选择性注意、过度自信、群体效应等。这些偏差可能导致人们忽略概率和随机事件的本质特征，从而产生赌徒谬误。

3. 对大数定律的错误认识

一些人对大数定律的理解集中表现为"多次重复必产生"的行为。重复多少次会一定发生？答案是：在理论上它是无限的，但在实践中，它很难被证实。很多时候，赌徒的钱往往没有达到"足够多"的条件，还没达到一定发生的临界点时，钱就已经被挥霍一空了！

陷入赌徒谬误的人，为了一次性回本，往往采取一种错误的策略——"错了就加倍"，结果就是错上加错。例如，掷骰子时，如果你押大，每次押1元钱。第一次的结果是小，你输了1元钱，第二次你会加倍，押2元钱。如果这次赢了，不但能赢回第一次输的1元钱，还能赚1元钱。如果第二次又输了，根据"错了就加倍"的原则，第三次你就押4元钱……此时如果赢了，仍然能赚1元钱。如果一直玩下去，赌注就会变成1、2、4、8、16、32……最后看似一定会赚1元钱。

其实，"错了就加倍"的策略存在很多问题。在真正的赌局中，"错了就加倍"就是一个无底洞，采用这种策略的人，大部分落得倾家荡产的结局。

在股票买卖中，很多人也陷入了赌徒谬误的怪圈。比如，你买入股票，买完之后就开始下跌。你为了博反弹，开始补仓；补仓之后，股票依然下跌；你决定加倍补仓，结果股票还是下跌；最后你发现自己已经没有补仓的资金了，也没能迎来股票的反弹。这种盲目补仓博反弹的结果只会越套越深，解套无期。

怎样避免赌徒谬误产生

1. 理解事件独立性

人们喜欢用可预测性解释一些事件的发生，因此当随机事件发生或即将发生时，就试图通过历史中的相似事件的模式或迹象将其合理化。人们一旦有这种直觉，就要注意该事件是否属于独立的事件，也要注意其因果的独立性，思考其发生的实际过程，以避免把以往事件的结果和此次的结果相联系。

2. 学习概率知识

要学习和了解概率和随机事件的基本知识，包括概率公式、期望值、标准差等。当了解概率的本质和特征之后，就能更好地理解和应对随机事件。

3. 用科学方法做决策

要学会用科学的方法和工具做出决策。例如，运用统计分析、模拟和预测等方法做出决策。同时，要避免根据个人的主观感受和经验做决策。

31

旁观者效应:
人们冷眼旁观的原因

有位老人不小心在大街上摔倒。当时,街上人来人往,却没有人愿意把老人扶起来。

为什么大家不去帮助老人,而是冷眼旁观?这可能与旁观者效应有关。

什么是旁观者效应

旁观者效应是指在紧急突发事件中,围观的人越多,越不可能有人采取行动。

1968年,美国社会心理学家约翰·达利(John Darley)和比伯·拉塔尼(Bibb Latane)进行了一项关于旁观者效应的实验。他们让被试者一个人或与几个人一起听到模拟的求救声。实验发现,当只有被试者自己听到呼救声时,90%以上的被试者会采取行动,并试图帮助"求救者"。但当被试者与其他人一起听到求救声时,只有40%的被试者会采取行动。达利等人还发现,当被试者认为其他人也听到了呼救声时,他们采取行动的可能性会更小。

该实验证实了旁观者效应确实存在。

旁观者效应产生的原因

1. 责任分散

责任落在个人头上，他就会负自己的责任；责任落在群体头上，每个人承担的责任就会变得很小，尤其是当群体人数较多时，群体中每个人需要承担的责任就会更小。这就可以解释为什么在人来人往的街上有人摔倒了，却没有人愿意伸出援手——人们处于群体中的责任被分散了，每个人都认为，所有人都有义务帮助他人，其他人会采取行动。

2. 从众心理

从众心理是指个体跟随周围其他人的行动而采取相应的行动，或者容易受周围其他人的观点的影响。当群体人数较多时，个体很容易产生从众心理。人们通常认为，在群体中做出一个与其他成员不一致的行为，有可能承担比较消极的后果，比如被他人嘲笑或批评。大多数人不愿意成为与众不同的个体，在其他人没有上前时，自己也不会主动采取行动。因此，当有紧急情况发生时，个人的第一反应是观望其他人的反应，而不是立即采取行动。

3. 多数人缺乏对事件的了解

因为他人的存在，个人对整个情境的认知、判断和解释会受到一定影响。特别是在危急的情况下，并且对自己不熟悉的情况展开判断的时候，人们不仅缺少对行为措施的心理准备，而且缺少对行为的信息数据，现场的每个人都会尝试通过对在场的其他人的行为观察，了解事情的真实状况。

怎样避免旁观者效应产生的消极影响

1. 明确目标

如果不幸成为受害者，在求助时，你应该尽量说明自己的情况及需要的帮助，减少旁观者的困惑与不确定性，让他们明白你的处境和需求。例如，"我的身体不舒服，请帮我拨打120""我摔倒了，请把我扶到路边的长椅上"。

向他人求助时也要选择一个明确的对象。明确具体的求助对象，可以最大限度地将责任集中，把责任从广泛的一群人头上落实到具体的个人身上。比如，在求助时，你可以喊出求助对象身上明显的特征——"穿蓝色衣服的大哥""戴帽子的姐姐"等，这样会加大你获得帮助的可能性。

2. 成为积极的旁观者

旁观者的介入可能是欺凌和其他犯罪行为终止的原因之一。在这个过程中，我们可能会挽救他人的生命，或者避免重大的损失。所以，不要总是期望他人成为第一个做出回应的人，我们可以成为积极的旁观者，以减少旁观者效应带来的负面影响。

想要成为积极的旁观者，我们可以积极地暗示自己是第一个或者唯一一个发现问题并且能够提供帮助的人。当然，在提供帮助时，我们也要量力而行，要在保证自己安全的前提下对他人施以援手。

32

可得性启发:
飞机容易出事故

你认为坐飞机与坐汽车哪种出行方式更危险？很多人的第一反应都是坐飞机，因为飞机一旦失事，机上人员生还的希望非常渺茫。然而相关统计显示，飞机失事的概率约为十万分之一，汽车发生事故的概率却高达百分之四十。

为什么很多人认为坐汽车比坐飞机更安全？这与可得性启发有关。

什么是可得性启发

可得性启发是一种人们根据某种信息被想起的容易程度进行判断的认知模式。具体来说，在对一个既复杂模糊又不确定的事件进行判断时，人们往往根据事件在脑海中呈现的容易程度判断事件发生的概率，所以，那些容易被回忆起来的事件发生的概率看起来更大。

心理学家丹尼尔·卡尼曼、阿莫斯·特沃斯基认为，人类的思维策略往往是快速且懒惰的，这种走捷径的认知模式在心理学上被称为可得性启发。他们在一项实验中询问被试者：在英文单词中，以 k 开头的单词多，还是第三个字母是 k 的单词多？大部分被试者认为，以 k 开头的单词多于第三个字母是 k 的单词。事实却是第三个字母是 k 的单词数量是开头为 k 的单词数量的三倍。

该实验表明，人类的认知策略并不像他们认为的那么理性与可靠。

人们做出的判断往往需要通过信息在头脑中呈现的简单程度衡量：如果在抽取记忆的过程中比较顺利，那么人们会认为这种事情发生的概率比较大；相反，如果在抽取记忆的过程中遇到了超乎预料的阻碍，那么人们会认为这种事情发生的概率会很小。换言之：越是简单的事情，实现的可能性就越大；越是复杂的事情，实现的可能性就越小。

由于受到记忆和认知能力的限制，在做判断和决定时，人们更多依靠自己熟知或想象的内容构建信息，这就使得那些容易被记住的、最近的、频繁的、极端的信息占据了很大比例，这会让人们容易忽略那些有助于形成正确判断的信息。

可得性启发产生的原因

1. 大脑在"偷懒"

思考是一项十分消耗能量的活动，面对突发情况时，大脑会根据过往信息快速帮人们做出决定。过往的信息一旦成了决策的依据，就会使人们陷入可得性启发之中。

2. 信息的可提取性

在美国，大多数人都觉得车祸、凶杀、龙卷风等是致人死亡的主要原因。事实上，死于这些事件的人数只有因糖尿病、胃癌等疾病去世人数的一半。人们之所以认为车祸、凶杀等事件更容易导致人的死亡，是因为这些事件容易引起人们的注意，并能给人们留下深刻的印象，从而方便人们从记忆中提取。除此之外，信息的可提取性还受信息的时效性、媒体传播的广度、生动性等因素影响。

3. 信息的有限性

在瞬息万变的信息时代，人们每天都会面临或大或小的决策。为了让决策更加科学和实用，大脑总是不自觉地运用海量信息对决策进行全方位的分析与评估。其中，一部分具有稳定性、准确性的信息会被大脑灵活吸收，对决策主体的决策起到重要的参考作用；另一部分信息则较为复杂，它们可能因为各种原因无法在大脑产生预期的有效反应。面对这类信息，决策主体可能会在理解上出现偏差，甚至出现错误的认知，进而影响决策的科学性和精确性。

4. 想象

想象会对事件发生的概率产生很大的影响。有些事情在生活中并不常见，由于发生次数少，缺乏相关案例，人们往往会寻找和该事件相关的、容易建立的案例，以估计此类事件的发生概率。所以，人们会认为：容易想象的事件发生的概率更大，而难以想象的事件发生的概率较小。

5. 伪相关

当两个事件同时发生时，人们会认为这两个事件是有联系的，这就是伪相关。人们对于两个事件同时发生的概率的判断，是基于两者之间关联度的强度的。当关联度很强时，人们会认为两个事件常常同时出现。特别是在一些特殊的情况下，没有关联的两个事件很可能被误认为是有联系的。

经常吸烟和饮酒的人可能听过这样一段话：张三吸烟喝酒，活了九十多岁；李四戒烟戒酒，只活了六十多岁。但是很明显，寿命不会因吸烟或饮酒而延长，这只是经常吸烟的人或饮酒的人借助这两个比较特殊的例子将自己行为合理化的借口。

可得性启发会影响大多数专业领域和日常生活。例如，人们每天会做出许多决定，媒体报道、情绪反应和生动图像等因素产生的影响力大于理性计算产生的影响力。所以，意识到这一偏见有助于人们避免因错误的推理、无意的歧视或投资和错误的商业决策造成的失误。

怎样减少可得性启发的影响

1. 逐渐摆脱对记忆的依赖

要克服记忆的诱惑，摆脱对记忆的依赖。也要根据实际情况和能力进行决策，避免被记忆中的信息干扰。

2. 考虑基准概率

基准概率是指某一特定人群中某事件的平均发生率。当需要对某事件发生的概率做出判断时，我们可以查看其基准概率。

3. 反复质疑提问，深入证伪思考

可得性启发是根据已知的信息或容易得到的信息做出判断的，所以我们不能被那些易得的信息迷惑，要带着怀疑的态度深思熟虑，并对需要搜集的资讯与要素进行全面思考。同时，还要对不易得到的技术性知识、信息进行搜集与思索，并将两者结合，进行全面、综合的考量。

33

蔡格尼克效应:
人们更容易记住未完成的任务

生活中，你是否遇到过这些现象：没看完的电视剧，你总是想找时间看完大结局；对于在考试中没有做出的题目记忆深刻，对做出的题目却毫无印象……

对于没有得到的东西，人们似乎总是念念不忘，得到之后反而不那么在意了。这就是心理学上的蔡格尼克效应。

什么是蔡格尼克效应

蔡格尼克效应是一种记忆效应，是指人们对于尚未处理完的事情比已经处理完的事情记忆更加深刻的现象。

1927年，心理学家布尔玛·蔡格尼克（Bluma Zeigarnik）做过一项实验，要求被试者完成22项容易的任务，例如，写一首自己喜爱的诗歌，从55倒数到17，将几颗色彩斑斓且形状各异的珠子穿在一起，等等。每项任务需要花费的时间大致相同，通常是几分钟。在这些任务中，被试者只被准许完成其中的一半，而不准许完成另外一半。任务完成与不完成的次序是随机的。

实验结束后，他们要求被试者回忆自己做过的任务。结果是，被试者可以回想起68%"没有做完"的任务内容，只能想起43%"已经完成"的任务内容。这一实验说明，人们具备对待事情有始有终的驱动力，之所以会忘记已完成的工作，是因为工作已经完成，完成欲动机得到满足；如果工作尚未完成，完成欲没有得到满足，就会对之念念不忘。

正确对待蔡格尼克效应

蔡格尼克效应具有积极的一面。它能激励人们在想要把一件事做好的时候立刻去做，而且一旦开始做，就会重视并尽力做好。

然而，蔡格尼克效应会让人走向两个极端：蔡格尼克效应过强，容易引起强迫症或完美主义，让人对没有完成的工作或事情念念不忘，如果处于这个过程中的人过于执着，想要一鼓作气，就会不达目的誓不罢休，甚至固执地无视一切；蔡格尼克效应过弱，容易半途而废，或者导致拖延症，这时人们会缺乏动力，一项工作没有做完，就开始做另一项工作，最终形成每项工作都没有完成的局面。

怎样合理地应用蔡格尼克效应

1. 写下要达成的全部目标，并附上截止日期

对拖延症来说，要时刻提醒自己时间紧迫，不能松懈；对于强迫症来说，这是为了避免你一时兴起，增加额外目标，打乱很多原计划，盲目修改计划表。实际上，对一些自制力差的人来说，一旦在过程中中止一次，就很难继续坚持下去。

2. 对项目按照时间和重要性进行排序

对于目标，可以设定四个维度的评级——时间紧且重要、时间紧但不重要、时间不紧但重要、时间不紧且不重要。这也是完成任务的优先顺序。我们可以摒弃最后一项，即那些时间不紧且不重要的工作。至于具体的评级标准是什么，每个人的情况不一样，你需要做的，就是参照第一步，把所有目标列出来，并在每一级的目标池里，按标准对目标排序。

3. 制定关键节点

有人建议，为了完成工作计划，需要规定每天的工作任务。这确实有利于将工作具体化，让自己严格执行工作进度。然而，在做这些工作的同时，一定要把握好过程中的各个节点。比如，到了某个时间段，这个项目必须达到什么状态。因为日程化的内容很可能被突如其来的其他工作打断，如果能及时做完或补上，在关键节点前完成阶段计划，也是可行的。

4. 刻意中断学习，记忆或许更清晰

不要一次花很长时间在一个科目上，可以进行分段学习，从而实现较为持久的记忆效果。例如，每 30 至 60 分钟学习一个科目并休息一次，不管你看到第几页，都要停下来去学习其他的内容，这会让你在潜意识中不断回顾刚刚学到的内容，提高学习记忆的能力。

34

零风险偏差:
做零风险的事情一定会成功

前几年有这样一则新闻引发了人们的关注：在美国旧金山的一家超市，开门仅30分钟就涌进600多名顾客把卫生纸抢购一空；俄勒冈州警方甚至接到了911紧急救助电话，对方称其"实在没有卫生纸了"，最后警方不得不在社交平台上向民众们强调，不要拨打911找卫生纸。无独有偶，在澳大利亚的一家超市中，两名女子为了争抢卫生纸发生冲突。

凡此种种，不胜枚举。为什么他们要争抢卫生纸？其实这跟零风险偏差有深刻的联系。

什么是零风险偏差

零风险偏差是指在面对不确定性和风险时，人们更愿意消除那些微小的风险，却忽略了实际上更为有利的选项。比如，风险从1%降到0%，比风险从10%降到1%更加吸引人，因为前者能让人们收获更多的安全感。

零风险偏差常见于金融投资、健康和安全等领域。

开头提到的这起抢购卫生纸浪潮就是因为囤积会让人们感到安全。当世界面临一种新的疾病时，大多数人由于对这种疾病没有足够的认知，担心局面难以控制，做一些自己可以控制的一些事情获得安全感，比如让自己拥有足够多的卫生纸、足够多的食物。

在现实生活中，人们并不能分辨每一种风险，越是风险高的，越会遇到更多、更复杂的情绪因素。单纯降低风险并不能给人们带来多少安慰，无论是99%的风险，还是1%的风险，只要风险没有消除，人们仍然感到恐惧。零风险才是绝对安全的意识会让人们投入大量的资金和精力，将那些微小的、剩余的风险全部消灭。

然而，零并不是绝对的"零"。人们永远不可能拥有一个完全没有意外、不会遭遇困难或不存在风险的环境。如果一味地想"小"，而忽略了"大"，就容易陷入零风险的陷阱，无法理性地看待事物，所以，如果我们太过追求"零风险"，那将是危险的。在面临失败的时候，我们都会产生一种本能的厌恶。我们一直试图找到一个"完全的零风险"，事实上这个"零风险"是不存在的。而所谓的"零风险"，对每个人来说，仅仅是一种心理安慰。

投资领域看似存在零风险的投资。比如，一些互联网理财平台为了吸引用户，会宣传自己的产品投资风险是零，这是不负责任的——他们并没有把投资产品的收益与风险在合同中明确标注，这种做法误导了许多用户。

零风险偏差产生的原因

1. 出于本能的自我保护

人们出于本能想要保护自己已经拥有的资源，诸如财产、时间和健康，因为这些资源能保证人们的生存和发展。当这些资源面临风险时，会很自然地激起人们的保护欲，并做出不想承担相应风险的选择，即使这种选择只能得到较低的回报。

2. 厌恶损失

美国认知心理学家丹尼尔·卡尼曼教授认为，在可以计算的大多数情况下，人们对"所损失的东西的价值"的估计要高出"得到相同东西的价值"两倍。这一观点印证了人们会更加关注自己可能失去的东西，而不是可能获得的东西。厌恶损失可能导致人们更倾向于选择风险较小的决策，以避免潜在的损失。

怎样避免零风险偏差产生的不良影响

1. 学会用辩证思维审视风险

对风险进行全面分析。在这一过程中，要尽量找到存在问题的各个方面及具体信息，深入了解问题的内在逻辑和外在表现，找出并分析问题的关键点和核心矛盾。

例如，一些互联网理财平台推出了零风险产品，并用"零风险、回报高、安全可靠"等字眼吸引用户。这时你就应该思考，他们是如何做到零风险的？是不是有隐瞒风险的可能？这些所谓的"回报高""零风险"都是诱导投资者进行投资的虚假宣传手段。对于市场中出现的或者正在出现的"零风险"投资，人们应该持谨慎态度。

2.树立正确的风险观和责任意识

强调风险意识并不等于付出一切代价将风险降到零，不能为了追求绝对零风险而不计成本地增加负担，也不能因为有风险而踌躇不前。人们要树立正确的风险观，增强责任意识，做到有备无患，从而减少或避免重大损失和严重事故的发生。

在进行重大决策时，人们可以听取专业人士的建议，自己也要学习决策分析技巧，尽量做到全面、客观地评估风险和回报，权衡不同的选择，减小风险发生的概率。

35

帕金森琐碎法则:
简单问题复杂化

你或许有过这种经历：在公司开会时，有时候复杂问题反而能高效地解决；在一件很普通的小事上面花了大量的时间却没有理出头绪，直到结束会议，参会人员才突然意识到将这件简单的事情复杂化了。

为什么人们会把简单问题复杂化？帕金森琐碎法则将告诉你答案。

什么是帕金森琐碎法则

帕金森琐碎法则又叫自行车棚效应。它是指人们普遍倾向于投入大量时间到日常生活的琐碎事务中，而忽视重要事务的态度。

帕金森琐碎法则由英国的西里尔·诺斯古德·帕金森（Cyril Northcote Parkinson）提出。他要求人们想象在一次金融委员会会议上需要讨论三项提案：一是关于耗资10万英镑的核电站提案；二是关于350英镑自行车棚的提案；三是关于每年21英镑咖啡预算的提案。

会议轻松地通过了第一项提案，因为它过于专业和复杂，距离人们的日常生活较远。对自行车棚提案花费的时间多于对核电站提案所花的时间,因为自行车棚与人们的日常生活相关,所以许多人都认为自己了解它,都想表达自己的意见。最后人们会花更多的时间讨论咖啡预算,因为这是三个提案中最简单的一个。

人们害怕被他人看不起,为了证明自己的价值,对于陌生或者复杂的事情往往会保持沉默,而对于自己熟悉的事情则会发表意见。这就容易形成"小事情多耗时,大事情多马虎"的现象。

帕金森琐碎法则产生的原因

1. 解决方案本身过于简单

在制定解决方案时,有些决策者过于注重问题的全面性,倾向于将简单的问题复杂化。他们会用较长时间的讨论、验证自己最初的猜想。

2. 解决方案缺乏客观判断标准

解决方案缺乏客观的最优选择或指导框架。以给自行车棚刷颜色为例,由于每个人对颜色的喜好不同,再加上很难有客观的事实依据证明哪种颜色更好看,就容易使问题迟迟得不到解决。

3. 讨论的门槛较低

当需要讨论的问题和人们自身息息相关,并且与专业技能无关时,每个人都有可能结合自身的经验建言献策。

类似建设核电站这类专业问题,往往只有为数不多的专业人士或高层领导具有发言权和决定权,人们也就相对容易做出决策。由于给自行车棚上色这类问题的门槛较低，所以很多人认为自己有资格参与决策，并且充满动力地参与讨论，也更加容易出现不同的意见和论点。

4. 时间安排不合理

如果参与者时间安排得不合理，也有可能会出现帕金森琐碎法则。比如，一场会议时间定为 3 个小时，已经用 2 个小时解决了重点问题，在最后的 1 个小时里，人们容易精神松懈，变得懒散和怠慢，更容易在细小的问题上反复纠结，无法得出有效的结果。

帕金森琐碎法则最直观的影响就是效率低下。迈克尔·多伊尔（Michael Doyle）和大卫·斯特劳斯（David Strauss）在共同撰写的《开会的革命》中指出，平均每个员工起码有 9000 个小时用在开会上，相当于 375 天，这意味着员工至少要花一年的时间去开会。然而有些时候，尽管花了很长的时间开会，却收效甚微。相关研究表明，91% 的员工会在开会时走神，75% 的员工会在开会时做其他工作，39% 的员工在开会时打瞌睡。这样看来，帕金森琐碎法则会给企业造成一定的损失。

怎样减少帕金森琐碎法则造成的不良影响

1. 复杂议题须单独召开会议

对于任何重大、复杂的议题，应单独开会。如果将此类议题带入议程很长的会议当中，很可能在琐碎的问题上迷失方向。而单独召开会议讨论复杂议题，或者专注特定问题，有助于减少帕金森琐碎法则造成的不良影响。

2. 重要事项优先解决

运用金字塔结构并按照重要程度对所有事项进行分区和排序,将最具优先级的事项放在处理列表的顶部,视为第一优先级的任务,并用充足的时间和精力处理。简单来说,人们应该在一开始就抓住所有事项的重点,为其做好充分的准备与规划。

3. 减少出席会议的人数

帕金森琐碎法则之所以在团体环境表现得更加突出,是因为简单的问题更容易吸引更多的人发言,所以减少参会人数也是减少帕金森琐碎法则影响的一种有效方法。只让必要的人员参会,即使需要讨论的问题比较重要,也不会消耗较多的时间。

36

宜家效应:
付出越多,爱恋越深

不知道你是否有过在宜家购物的体验。与其他商场不同的是，宜家的一部分家具是需要自己动手组装的。在"懒人经济"盛行的时代，宜家为什么要反其道而行之，让消费者动手组装家具？宜家用事实告诉人们：这种反套路的经营方式不仅得到了消费者的认可，而且给自己增加了较大的收益。心理学将这种现象称为宜家效应。

什么是宜家效应

宜家效应是指消费者会高估自己投入劳动、情感创造物品的价值。宜家效应有助于解释为什么人们常常固执己见，过于高估自己的努力程度，以及在一项共同的任务中认为自己所做的事情更有价值。

宜家效应的产生与人们的自我价值感和工作投入程度有关。当人们花费更多的时间和精力完成某项任务时，他们会认为该任务更有价值，也会对任务的结果产生更高的评价。此外，在完成某项任务并且获得积极的反馈时，人们也会对自己的能力和价值产生更高的认同，从而增强自我价值感。

宜家效应让人们在自己付出劳动、收获成果的同时，体验到亲身参与的乐趣，所以它被广泛应用于营销和产品设计领域。消费者参与产品的制作或者组装，能够增加其对产品的认同感和忠诚度，从而提高产品的口碑和销售额。一些商家利用宜家效应，比如，采摘、烘焙、手工制作等活动，刺激人们消费。

宜家效应的积极影响

1. 消费者能感受到自己的劳动价值

对于消费者来说，参与感不能停留在表面，他们更渴望实现自己劳动的价值。换言之，消费者对自己付出劳动的物品更为看重。例如，你会认为自己组装的书架比世界上任何一个书架都要值钱。

2. 可预见性的收获

完成一个任务并获得积极的反馈，会让人们对自己的能力和价值产生更高的认同。宜家效应正是在消费者完成任务的基础上，对付出劳动的结果评估增加了主观的心血价值，并且该结果是可预见的。例如，乐高积木、十字绣、羊毛毡手工等，都需要消费者根据说明书进行操作。其实在操作之前，消费者已经预见了自己将要付出的劳动和收获的成果。

3. 恰到好处的门槛

如果任务设定非常高，超出消费者的能力范围，就容易让其心生畏惧，进而停止行动；相反，如果任务的难度低于消费者的能力，消费者就无法获得足够的成就感。宜家的门槛则是恰到好处——任务难度与消费者的能力相匹配，这能让消费者保持对产品和品牌的消费热情。

宜家效应存在的风险

宜家效应容易使人们产生投入精力或感情创造的东西的价值被低估的感觉。在这个过程当中，人们付出的精力和感情越多，被低估的感觉就越强，而过度投入的后果就是沉没成本变得越来越高。当你想要改变或放弃的时候，你就会很痛苦，或者当某种事物的价值达不到你的期望时，你就会受到很大的冲击，尤其是在投资方面。

比如，你用200万元买了一套房子，用半年的时间花费60万元对这套房子进行了精心的装修和布置。此时，有人想要花280万元买下这套房子，你一转手就能赚20万元，这似乎是一件很划算的事情。然而你却认为这是一件很亏的事情，因为你认为你对这套房子额外付出的劳动、时间及情感远不止20万元，所以你期望它以更高的价格成交。

股票市场也容易出现宜家效应。当股民用心选购一只股票后，由于该股民对这只股票付出了一定的心血，就容易高估该股票的价格，无法忘记自己的持仓成本，从而错失良机，甚至投资失败。这也是很多股民特别眷恋曾经盈利的股票的主要原因。

怎样减少宜家效应产生的负面影响

1. 学会理性消费

在购买产品时，我们要仔细考虑其实用性和性价比，不能仅凭产品外观或情感投入而购买，否则就要为自己的情感价值买单，落入消费主义陷阱之中。

比如，在购买商品之前，我们最好制定预算。这是摆脱不良消费习惯的有效方法之一，它会帮助我们判断哪些是自己负担得起的，哪些是自己无法负担的，有效防止自己过度消费。

2. 理性看待自己的付出，避免自我感动

俗话说，一分耕耘，一分收获。然而在现实生活中，付出和回报不一定成正比。我们有时可能遇到"一分耕耘，半分收获"，也可能遇到"一分耕耘，两分收获"，还有可能遇到"一分耕耘，没有收获"。因此，我们要理性看待自己的付出，避免因自我感动产生诱导情绪，学会及时调整心态，才能让自己的生活变得美好。

37

富兰克林效应：
被你麻烦过的人最有可能帮助你

许多人从小被父母教育"没事不要麻烦别人",这一观点似乎已经成为常识。然而,有人却说"好关系是麻烦出来的"。这一说法有科学的解释吗?心理学上的富兰克林效应可以解释这一说法。

什么是富兰克林效应

富兰克林效应是指相比那些被你帮助过的人,那些曾经帮助过你的人会更愿意再帮你一次。

换句话说,让别人喜欢你的最好方法不是帮助他们,而是让他们帮助你。这一效应得名于美国政治家本杰明·富兰克林(Benjamin Franklin),他通过向他人提出小的请求来增加他人对自己的好感和信任,从而使他人更愿意接受他提出的更大请求。

本杰明·富兰克林是美国著名的政治家、物理学家。1736年的一天,富兰克林在宾夕法尼亚的议院发表演讲。另一位议员也发表了一篇演讲,言辞激烈地抨击了富兰克林的观点。

富兰克林想争取这位议员的同意和支持,然而该议员是出了名的铁石心肠，并且一向对富兰克林缺乏好感。怎样做才能争取他的支持呢？

富兰克林打听到议员的家里有一本珍藏的书，于是态度诚恳地向他借书。没想到这个议员竟然同意了富兰克林的请求。过了一段时间，富兰克林把书还给议员，郑重地表达了谢意。当他们再次在议会厅见面时，这名议员对富兰克林的态度发生了转变：不仅主动和他打招呼，还表示任何时候都愿意为他提供帮助。从此，两人化敌为友，成为终身的好朋友。

富兰克林把这段经历归结为："相比那些被你帮助过的人，那些曾经帮助过你的人会更愿意再帮你一次。"

富兰克林效应在销售、谈判、政治和人际关系等领域都适用。通过与他人建立积极的关系，赢得他们的好感和信任，可以增加成功达成目标的机会。然而，需要注意的是，富兰克林效应并不意味着通过简单的赞美或讨好就可以达到目的，真诚、尊重和合理的请求才是实现富兰克林效应的关键。

富兰克林效应产生作用的原因

富兰克林效应为什么会起作用？人们为什么在给别人提供帮助之后会更喜欢、更愿意帮助对方？

我们可以从以下三个方面来分析。

1. 形成好感和信任

富兰克林效应是人类的一种心理倾向，即人们更愿意与自己喜欢、认可或信任的人合作和配合。当你向一个人表达好感、赞扬或认同时，这个人会感到你对他的重视和尊重，从而增加他对你的好感和信任。因此，当你向他提出请求时，他更有可能接受并同意你的请求。

2. 社会认同和归属感

人们倾向于与自己有共同点、类似兴趣或价值观的人建立联系。这样做会增强社会认同和归属感，促使人们更愿意接受对方的请求。

3. 互惠原则

互惠原则是指人们倾向于回报他人给自己的好处或提供的帮助。当一个人向别人表达好感或赞美时，别人感到自己得了好处，就有动力回应对方的请求，以此回报对方的好意。

富兰克林效应存在的弊端

尽管富兰克林效应在某些情况下可以起到积极的作用，但也存在一些潜在的弊端。

1. 滥用和操纵

一些人可能会利用富兰克林效应操纵他人。具体来说，一些人以向他人表示好感为手段，实现自己获得利益的目的。这种对富兰克林效应的滥用，可能导致自己的信任受损，破坏人际关系。

2. 偏见和误导

富兰克林效应可能使人们的言行更容易受到他人的影响和操纵，而不是出于自己的判断和决策。换句话说，人们可能会被他人的赞美所迷惑，从而忽视对方的真实意图或动机。

3. 损害自尊心

过度依赖富兰克林效应可能导致人们过分关注他人的认可和赞许，过度依赖外界的反馈对自身价值的评估。一旦没有获得他人的认可或赞美，人们的自尊心有可能受损。

4. 降低真实性和诚实性

为了获得他人的好感和信任，人们可能会过度夸大或虚假地表达好感。这会扰乱人与人之间正常的沟通和信任，有可能形成虚伪的人际关系。

富兰克林效应的启示

1. 寻求帮助要找合适的对象

在发出求助信息之前，你需要选择和确定对方是否能够提供帮助，是否具有提供帮助的能力和条件，是否能接受你的请求。如果对方不满足上述条件，那么你的请求便是强人所难了。

2. 寻求帮助要注意分寸

向对方提出帮助的请求时，需要注意分寸。也就是说，要注意时机是否合适，对方是否便于回应和行动，自己的请求是否合理，等等。如果缺乏分寸，很容易引起对方的反感、回避和拒绝，容易产生反作用。

3. 要懂得感恩与回馈

如果对方答应你的请求，并对你提供了帮助，无论是否完全符合你的要求，你都要怀有感恩之心，及时向对方表示感谢，最好在适当的时候也予以回馈。这样做有利于增加对方对你的好感，对方也就愿意继续帮助你，从而形成良好的人际互动。

38

精神活动过速:
在玩游戏时,我感觉时间变慢了

你可能有过这种感受：玩游戏时，往往感觉不到时间的流逝；退出游戏时，却发现已经过了好几个小时。为什么在玩游戏时，我们有时候会认为时间变慢了？这种感受究竟是真实存在的，还是我们主观的意识体验？

这种感觉和精神活动过速有一定的联系。

什么是精神活动过速

精神活动过速是一种认知偏差，具体是指人们由于心理创伤、药物使用、身体疲劳、体力消耗等原因产生对时间的感知变化。

2007年，美国的研究人员做了一项实验，检验危难时刻是否会像影视作品中的慢动作一样把时间拉长。在实验中，被试者不系任何绳索，在3秒的下落时间中以自由落体状态下落30米，最后跌入一个安全网中。在下降的同时，被试者必须注视秒表。秒表显示，被试者自由落体的时长为2.5秒，被试者却感觉下落的时长超过了5秒钟。因此，研究人员认为，人在精神压力下会感受到时间变慢。这种"时间变慢"只是人们的主观意识体验，并不是时间真的变慢。

精神活动过速产生的原因

当人们专注于某一件事时,大脑会进入一种无意识状态,让人们觉得时间变慢。这种感觉在玩游戏时很常见,尤其是竞技类游戏。要想赢得比赛需要全神贯注,此时人们会进入一种无意识的状态,也就察觉不到时间的流逝。精神活动过速便由此产生。

精神活动过速的负面影响

很多公司会将精神活动过速的特点应用到产品中,将产品游戏化。这是一种将游戏元素和游戏设计技术运用到非游戏场景中,通过游戏机制创造乐趣,从而更好地达到产品增值目的的手段。换言之,就是利用游戏的手段,对那些非游戏的场景或产品赋能,让用户在使用产品时,能够享受更多的趣味,从而产生更大的产品价值。

精神活动过速的存在以及产品游戏化的特性,很容易让人产生上瘾行为。比如,有的人如果不在睡前看一会儿视频、玩一会儿游戏,就觉得浑身不自在。在上瘾的活动中,产品游戏化带来的快感和投入往往和游戏内容有所关联。这是因为一些激素负责产生令人愉悦幸福的感觉,如多巴胺。缺少这些激素的分泌,上瘾者会感到烦躁、空虚、抑郁和无力(对某一事物上瘾的人,往往没有做其他事情的兴趣)。而上瘾者的大脑在一般状态下是不能分泌足够多的激素的,他们只有通过上瘾活动才能够勉强达到正常人分泌激素的水平，甚至仍低于正常人的水平。

当长期处于失序状态中时，上瘾者会误以为是上瘾活动使他们变得快乐的，而不是使他们暂时恢复到原本就该有的幸福水平，这让上瘾者通过不断寻找新的刺激以维持正常的多巴胺分泌。所以这些人很难深入思考内容，缺少辨别真相的能力，逐渐变得短视，而短视让上瘾者更加偏爱激化的、情绪化的、浅显低俗的内容。可见，产品游戏化致使当代青年学习错误内容和思想的速度比以往任何时候都快。

怎样减少精神活动过速产生的负面影响

1. 找回自我意识

人和动物不同，人有自我意识。找回自我意识的首要环节是保持感官敏锐，别让自己的感官超载，诚实面对自己的感觉并保持觉察，始终让自己保持舒适的状态。

2. 确定目标

你如果有自己的目标，就知道自己要去哪里，知道自己做什么。例如，当你想去一个陌生的地方时，如果知道地名，即便不认识路，你也能想方设法到达目的地。因此，当有目标时，你就不会轻易地陷入无意识状态，也就能更好地利用时间摆脱产品游戏化的陷阱。

# 39

自动化系统偏差：
自动化可能正在毁掉你

你喜欢自动挡汽车还是手动挡汽车？相信大部分人还是喜欢自动挡汽车，因为它操作起来更便捷。然而，一项调查显示，自动挡汽车的事故发生率高于手动挡汽车。

这就是自动化系统偏差造成的后果。

什么是自动化系统偏差

自动化系统偏差是指人们在使用自动化系统时过度依赖系统提供的信息，忽略了自己的判断和经验，从而导致决策出现偏差。比如，"算法是不可能出错的"等说法就体现了自动化系统偏差。自动化系统偏差可能导致错误的决策和行动，甚至会对人们的生命和财产安全造成威胁。

自动化系统偏差产生的原因

首先，人们对自动化系统的信任度较高，认为该系统提供的信息更准确、更可靠。其次，在使用自动化系统时，人们会出现注意力倾斜的现象，即过度关注系统提供的信息，忽略其他重要的信息及判断。

然而，过度依赖自动化系统可能导致错误的反应替代正确的决策，也就是人们常说的思维定式——当你习惯性地从自动化系统里获得答案时，你就不会思考该答案是如何得出的。当你习惯被告知某事件有1、2、3、4、5点时，你还会去想它是否还有6、7、8、9、10点吗？不管是以前的个性化推荐，还是现在火爆的ChatGPT（Chat Generative Pre-trained Transformer，一款聊天机器人程序），如果过度依赖它们，你就容易形成自己的信息茧房。

自动化系统偏差产生的影响

自动化系统偏差会对人们的决策和行为产生影响。人们大多接收的是与自己观点相似的信息，容易忽略其他重要的信息和观点，这会加剧人们的偏见和主观性，使信息茧房现象更加突出。

在日常生活中，人们有时候遇到不同的意见和观点，可能感到自己被冒犯，甚至难以用平和的心态对待。在大数据时代，这种偏差越来越广泛。

人类借助科技完成了对自身需要和信息的双向选择，一旦进入大数据精心构建的信息茧房，就意味着进入一个极度简单化的世界：深度阅读变成了碎片化阅读，大脑思考也变得简单化、流程化，逐渐减弱独立思考的能力。

这便是过度依赖自动化和机器智能的风险。人们习惯把他人的手机号码存在手机通讯录，一旦想要联系某些人，只需从通讯录找到对方的号码拨出即可。这种操作简单、方便，却容易让人们忘记对方的号码，如果手机丢失或者损坏，就会给自己带来不便。车载导航用户无须记住行驶过程中每个转弯的位置，这就容易导致他们不熟悉道路。通常情况下，大脑可以通过反复练习形成新的技能，当练习的过程逐渐被自动化程序所替代，人们掌握知识的能力可能变弱。

人们一旦陷入自动化偏差陷阱，就会偏爱较弱的假设，以减轻自己的认知负担。这种做法容易让人们先入为主，或者人们用简单直觉来解释自己看到的世界和事实，认为这是更好的或更安全的选择，却容易背离事实的真相。

怎样避免自动化系统偏差产生的负面影响

1. 减少对自动化系统的依赖

简单来说，人们不能完全依赖于自动化系统，要不断提高自己的判断力。尽管自动化系统会让人们的生活更为便捷，但有时自动化系统做出的决定不一定完全符合人们的心意。所以人们要有自己的判断，而不是完全依赖自动化系统。

2. 保证算法平衡

在使用自动化算法时，确保算法平衡，不过分偏向某个结果，并且能够适当地考虑多种结果。

3. 保证数据质量

保证输入数据的质量。比如，尽量减少异常数据的影响，确保数据具有代表性和可靠性。

4. 多因素综合考虑

要考虑多种因素，不局限于单一的数据特征或指标，并采用综合评估的方法分析数据。

40

暗示感受性：
我认为别人说的话都有道理

有时候，你觉得别人说的话很有道理。比如，每个人在会议上轮流发言，当听到前面几个人的发言之后，你越来越觉得别人说得很有道理，认为自己的观点漏洞百出，毫无道理可言，甚至不敢说出自己的观点。

其实，在会议开始之前你已经搜集了不少资料，也有一些自己的想法，然而你还是慢慢地倾向于别人的观点，尤其是当这些人职位比你高的时候，你改变自己观点的可能性会变大。

很多人可能也觉察到自己存在这样的问题，并且认为，造成这一问题的主要原因是自己缺乏独立思考的能力，以及不够自信。

这种行为也是一种认知偏差，即暗示感受性。

什么是暗示感受性

暗示感受性是指人们的行为容易被一些误导性信息和易得性信息误导。比如，人们有时会把别人提出的误导性信息当作自己的记忆。很多陷阱式提问用的就是这个套路。比如，有人问一个小朋友：你是什么时候从沙发上摔下来的？是在家长惩罚你之前，还是之后？

上面案例中的第二个问题，提问者就用了暗示词"惩罚"影响孩子的回答。即使孩子实际上没有被家长惩罚，由于受到暗示的影响，他的回答也很可能是"自己是在被家长惩罚之后从沙发上摔下来的"。类似这种提问方式容易误导他人，因为这对信息检索和分析的能力有着较高的要求，除非回答者具有高度的警惕性和自我意识。

暗示感受性的作用

暗示感受性在心理学和临床医学中都有重要的应用。在临床医学中，医生可能利用暗示帮助患者缓解疼痛、恢复健康。在心理治疗中，心理治疗师也可能利用暗示帮助患者改变其不良行为和思维模式。

暗示感受性也有一些负面的影响。例如，在一些情境中，人们可能受到他人的暗示，做出不合理甚至不道德的行为。因此，了解暗示感受性的特点和影响，有助于人们更好地理解人类行为和思维的复杂性。

暗示感受性的程度依赖于许多因素，例如年龄、性别、文化背景、情感状态等。一些研究表明，个体在年幼时更容易被暗示，因为他们的认知和记忆能力还不够成熟。另外，有的人比其他人更加情绪化，从而更容易被情绪化的语言或声音影响。

人们可以利用暗示感受性改善个体的适应性和创造力，增加自身的创造性和敏锐度，从而更好地理解和体验别人的情感和思想。尤其是对于那些具有高度自我意识的人来说，暗示感受性是一种有力的自我调节手段。

因此，人们需要认识到暗示感受性的存在，以科学的方式利用它。在特殊的情况下，应该提高警惕并尝试让自己保持冷静和理性，避免被误导，也要尝试提高自我意识和情感调节能力，以便更好地理解和利用暗示感受性，不断提高交流和沟通的质量。

如何避免暗示感受性的产生的负面影响

1. 批判思考

听到别人的某个观点时，你不要马上表示赞同还是反对，要对他人或者自己的观点进行证伪，而不是证实。先按照一定的逻辑进行分析，比如论点是什么？支持论点的论据是否正确？论据是否可信？能否用这个论据推导出论点？论证是否充分，是否权威？

2. 避免盲从

遇到不确定的信息或建议时，你要进行思考和分析，而不是轻易地接受他人的观点。对事物的判断尽量做到不受他人影响，而是基于自己的逻辑、证据。要增强自我意识，更好地了解自己的心理状态，控制自己的言行。

3. 保持警觉

要保持警觉，不要轻信不可靠的信息来源。可以通过了解典型案例、提高安全意识等方式，减少不良信息对自己的影响。也可以通过获取多种渠道的信息、寻求专业人士的意见等方式，获取全面、准确的信息。

41
偏见盲点：
我对一切事物都没有偏见

一个知识越贫乏的人，越是拥有一种莫名的勇气和莫名的自豪感。知识越贫乏，他所相信的事物就越绝对，因为他根本没听过与之相对立的观点。夜郎自大是无知者、好辩者的天性。

为什么知识越贫乏的人反而越好辩论？因为他们受到了偏见盲点的误导。

什么是偏见盲点

偏见盲点是指人们往往认为自己比他人更加客观、公正，却难以意识到自己的偏见和主观的现象。

多年前，研究人员进行了一项关于偏见盲点的研究。研究人员让参与者评价自己和他人在各种认知能力和心理特质上的表现。研究人员发现，参与者认为自己比他人更聪明、更有创意、更勇敢和更诚实，却很难意识到自己的自大、自恋及偏见。研究人员还发现，个体的偏见盲点与他们的特质和心理状况有关。例如，自大、自恋的参与者容易低估自己的偏见和主观，自卑、抑郁的参与者则相对客观和公正。

偏见盲点的成因

偏见盲点的成因主要是人们渴望将自己视为理性的思想家，而偏见不是一种理想的品质，因此便倾向于将自己的决定视为纯逻辑和理性的结果。现实情况却是，人们做出决定的许多心理过程是无意识的，是不会轻易意识到潜意识、偏见和其他心理是如何影响自己的选择的。即使人们意识到自己的偏见，也难以控制或改变。

偏见盲点容易导致自我设限，使人拒绝尝试新工作、接受新挑战，无法实现进步。偏见盲点也会对人们接受他人的建议产生影响。大量研究发现，通常将他人的建议纳入自己的判断，可以提高决策质量，但是偏见盲点更强的人容易忽略他人的建议。这也是越是认为自己比其他人更少偏见的人，对自己的能力评估越不准确的原因之一。

怎样避免偏见盲点造成的负面影响

1. 接受他人的反馈和批评

人们要提高识别能力、归因能力，否则很可能身陷其中而不自知。同时，人们还应该接受他人的意见和批评，尤其是那些与自己想法不同的人，从他们的角度看问题，可以帮助自己更加客观地评价自己和他人。

2. 识别影响

学会识别偏见盲点的影响，并积累相关案例。偏见盲点最大的负面影响在于降低人们的决策质量，阻碍人们的终身成长。偏见盲点会诱发能力错觉，让人容易陷入邓宁 - 克鲁格效应，高估自己克服偏见盲点的能力。

事实上，偏见盲点和确认偏差等认知偏差一样，与智商、文化等并没有较大关系。如果缺乏应对认知偏差的思维习惯或者缺少相关的训练，高学历、高智商的人也会陷入偏见盲点。

3. 审慎应对

在弄清偏见盲点成因的基础上，我们要审慎应对偏见盲点。比如，学会接受偏见。认为自己没有或者少有偏见，是对偏见最大的偏见。对于偏见和盲点，我们不能认为"只要我不承认，它们就不会存在"，这是典型的掩耳盗铃。接受是应对的开始，我们只有承认自己可能存在偏见盲点，才能自我警醒。我们要学会调用元认知，观察自己的言行，再结合他人的反馈建议，最终做出优质决策。

4. 警惕立场

容易诱发偏见盲点的偏见往往是隐性偏见，它们潜伏在人们的潜意识当中，不容易被发现和识别。例如，立场尤其是预设立场往往诱发偏见。生理心理学、感知心理学、记忆机制等很多领域往往不受政治立场、偏见的影响，但有些领域，如道德、法律、家庭结构、儿童照料等，可能会受影响。主要原因在于，在这些领域中，研究者的政治态度和信念交织在一起，研究者的政治立场可能影响设计研究的方式，或者影响他们对结果的解释。所以应警惕由立场引发的偏见。

42

悲观偏见:
这件事一定会变得很糟

有些人称自己是"悲观主义者"。他们总是说类似的话："倒霉的那个人一定是我""这件事一定会变得很糟糕""我就是这么笨，什么都做不好"……

面对快节奏的生活、高昂的房价、飞涨的物价，很多人会产生一种无力感——他们经常忧心忡忡，总是觉得不好的事情会发生，而自己却什么也做不了。

为什么世界在变好，人们却越来越悲观了？因为人具有悲观偏见。

什么是悲观偏见

悲观偏见是指人们倾向于高估负面事件发生的可能性，低估积极事件发生的可能性。悲观是一种消极的心智模式，也是一种防御性的思维模式。这种模式会对人们心智的发展和思维的进步造成障碍，阻碍人们思维的进步。同时，也束缚了人们行动的脚步。

然而，人们是天生的悲观主义者吗？

恰恰相反，人类天生具有乐观和积极的基因。只不过人在面对困境和挑战时，会容易产生负面情绪。一些新闻媒体、自媒体往往利用人的这一特点，对一些事件进行悲观的预测。

认知和事实脱节的原因与新闻的特性有关。新闻关注的是人们周围发生了哪些吸引眼球的事件，比如天灾人祸、企业倒闭等突发的或令人不安的事件，而不是"没有发生的事件"。

新闻媒体的这种特性反过来又给人们的认知带来了糟糕的影响：人们对风险的感知，不是来自详尽的统计数据，而是来自图片和故事。也就是说，人们大脑的思维模式充斥着形象和故事，而非数据。例如，一些人收看了关于台风灾害的新闻报道后认为，台风灾害给人类造成的危害更大，因为台风灾害的画面看起来更有破坏性。很明显，这种由新闻导向引发的认知偏差，会轻易让人们得出世界在变糟的结论。

悲观偏见的负面影响

首先，悲观偏见容易让人们对自己的能力产生负面的评价。人们认为，自己很可能会失败或失去机会，由此产生消极的情绪，如沮丧、恐惧、压抑等，这会影响工作效率和生活质量。

其次，悲观偏见容易影响正常的人际交往。人们如果认为世界充满了危险和阻力，就会持防御的态度与他人互动，很难建立良好的人际关系。

怎样克服悲观偏见产生的负面影响

1. 意识到悲观偏见的存在

要意识到悲观偏见的存在。当你有了负面想法，或者是下意识地产生了一些让自己感到担忧和恐惧的想法时，你要停止思考这些内容，并用积极的想法取代负面想法，尽可能地思考能够使你开心、让生命增值的事情。

2. 寻找平衡的观点

在面对问题和困难时，要努力寻找平衡的观点。不要偏向消极和悲观的看法，要看到问题的多个方面，尝试多种解决办法。要保持开放的心态，接受不同的观点和意见，以便做出全面、客观的判断。

3. 调整思维方式

悲观偏见往往与思维方式有关。要尝试调整自己的思维方式，从消极和悲观的思维转向积极和乐观的思维。可以通过积极的自我对话、正向的心理暗示和积极的情绪调节，帮助自己建立积极的思维模式。

4. 寻求支持和反馈

与他人交流和分享自己的想法和感受，可以帮助你更客观地看待问题和困难，避免自己陷入悲观偏见。接受他人的反馈和建议，可以帮助你重新评估和调整自己的看法。

5. 培养乐观心态

积极乐观的心态可以帮助你更好地应对困难和挑战。要通过积极的自我肯定、感恩和乐观的心理暗示塑造自己的思维模式，保持身心健康和积极的生活方式，多管齐下，更好地培养自己的乐观心态。

43

**乐观偏见：
我的每一次投资都会成功**

2019年,《中国青年报》面向全国各地的大学生发起一项关于就业的调查问卷。该调查显示,超过60%的"00后"大学生认为,在毕业10年内,自己会实现年收入百万元的目标。然而职场人都知道能够实现这一目标是非常困难的。

为什么大学生对自己未来的收入如此自信?因为人们很容易受乐观偏见的误导。

什么是乐观偏见

人们对未来的预期和评估比实际情况更好。这种认为未来比过去、现在要好的信念叫作乐观偏见。换句话说,人们倾向于高估积极事件发生的可能性,而低估消极事件发生的可能性。

为了证实这一认知偏差,研究人员邀请一些汽车驾驶员参加驾驶模拟器实验,让他们在模拟的交通环境中驾驶。在实验开始前,驾驶员被要求估计自己在实验中遇到事故的概率。结果显示,大多数驾驶员对自己遇到事故的概率持乐观态度,他们认为自己比其他驾驶员更擅长驾驶,也就不容易发生事故,但是他们的估计远低于在模拟实验中实际发生事故的概率。这表明驾驶员存在乐观偏见，他们倾向于高估自己的驾驶能力和低估遇到事故的风险。

通常情况下，人们倾向于关注自己期待的事情，而不是负面事件。神经系统科学家、英国伦敦大学学院教授塔利·沙罗特（Tali Sharot）认为，乐观偏见是"2008年金融危机的核心原因之一"。她进一步指出，金融分析师和投资者对金融增长和成功抱有不切实际的期望，银行持续参与高风险金融活动，促成了日益扩大的经济泡沫及其最终崩溃。

乐观偏见也影响了一些人对全球变暖的看法。即使现在全球气候变暖已经非常严重，依然有很多人认为环境灾难的后果不会影响到个人。

乐观偏见产生的原因

1. 自我保护机制

乐观偏见是一种自我保护机制。人们总是希望自己可以掌控自己的生活和命运，而乐观偏见往往使人们对自己的能力和成功的可能性持乐观态度，从而增强自信心和积极性，减少焦虑和压力。

2. 信息选择和记忆偏差

人们在选择和记忆信息时往往具有偏向性，更倾向于选择支持带有乐观偏见的信息。他们更容易记住成功的经历或故事，忽视或淡化失败的经历或故事，这容易强化乐观偏见。

3. 社会认同

乐观偏见是一种社会认同的具体表现。人们常常通过与他人比较评估自己的能力,判断自己是否成功。乐观偏见能够使人们与他人保持一致,获得他人的认可。

4. 信息不完整性

乐观偏见可能是一种心理上的应对机制,使人们在充满不确定的情况下感到安全和有信心。在面对不确定性和信息不完整时,人们往往会填补这些空白,以满足自己的需求和期望。

乐观偏见容易导致的问题

乐观偏见与悲观偏见恰好是两个极端。乐观偏见容易导致以下两个问题。

1. 高估成功的概率,对风险进行误判

乐观偏见使人们倾向于高估自己取得成功的概率。他们可能过于自信,认为自己能够轻松克服困难、实现目标,因而忽视了可能存在的障碍和挑战。

同时,乐观偏见也容易让人们低估潜在的风险和困难,并对未来的不确定性持乐观态度,这可能导致他们在决策和规划中忽视重要的风险因素。

2. 忽视失败的可能性

乐观偏见使人们忽视失败的可能性。持乐观偏见的人过于乐观地看待失败,即使面临困难和挫折,也不愿意考虑失败的可能性和应对措施。

怎样避免乐观偏见产生的负面影响

1. 考虑潜在的风险和困难

在做出决策或采取行动之前,要仔细考虑潜在的风险和困难,包括评估可能的失败和挫折,并制订相应的计划和备选方案,而不是仅凭一腔热血做事情。比如,在创业前,需要充分了解创业领域及行业的各个方面,了解市场趋势、竞争态势、技术发展等因素,考虑未来的变化趋势和不确定性因素。唯有如此,才有机会提高创业成功率。

2. 寻求多样的信息来源

避免只关注支持自己乐观偏见的信息,要主动寻求多样的信息。这包括寻找不同的观点、听取他人的建议和经验,以及可能存在的风险和困难。同时保持思维的开放性和灵活性,注意自身的偏见和陈旧的思维模式,以便更好地适应不断变化的环境和挑战。人们只有在充分了解和分析各种信息的基础上,才能做出准确、全面的判断和决策。

3. 客观评估自己的能力和情况

要对自己的能力和情况进行客观评估,不要过分地高估自己的能力和成功的概率。可以通过反思以往的经历和结果,也可以根据他人的反馈和评价,客观地认识自己。此外,我们也要认识到,成功往往伴随着风险和挑战,需要付出不断努力和探索的过程。人们只有在客观评估自身能力和情况的基础上,制订切实可行的计划,并为之持续努力和付诸行动,才能实现理想与目标。

44

聚类错觉:
为什么倒霉的总是你

你是否有这样的感觉：你认为自己的好运气已经耗尽，倒霉的事情一件接一件地来，不明白自己为什么会这么倒霉。有人为此还去烧香拜佛，希望能转运。

很多时候人们觉得自己走背运，往往是掉入了聚类错觉的陷阱。

什么是聚类错觉

聚类错觉是指在随机事件中寻找规律时，人们往往看到一些看似有规律的聚类或模式，而忽略了事件的随机性。

"烤面包片实验"（The Toast Study）是一个关于聚类错觉的经典研究案例。在这个实验中，研究者给被试者一张印有2000个烤面包片随机分布的图片。被试者往往会看到一些看似有规律的聚类或模式，例如看到3片或4片面包片聚在一起，这些不正常分布的区域更能吸引他们的注意，他们甚至会产生一种"原本的随机分布并非随机分布"的错觉，忽略了随机性。

这个实验表明，在对随机事件进行判断和决策时，人们往往会看到一些看似有规律的聚类或模式，这就容易忽略那些未被观察到的数据。此外,聚类错觉可能导致人们做出错误的决策,如高估某些事件的发生概率或低估风险。因此,我们需要学会理性思考和分析,不要过分依赖自己的直觉和经验,能够客观地评估随机事件的发生概率和风险。

聚类错觉通常出现在人们对于随机事件的判断和决策中,例如投资、医学诊断等。比如,张三连续几次在群里抢红包都是"手气最佳",他就会觉得自己最近运气很好,并用它解释最近在他身上发生的好事。

在日常生活中的好事与坏事大部分都是随机发生的。随机并不意味着均匀,人们却经常认为好事和坏事交替发生才是正常的,其实不然。原本毫无联系的事情,由于人们习惯性地把它们归类处理,才有了"自己一直很倒霉"的错觉。

聚类错觉形成的原因

聚类错觉主要是受人类的认知和决策机制影响产生的。人类大脑在处理信息时,往往运用简化和归纳的方式,从而形成一定的模式和规律。在许多情况下,简化、归纳的认知方式可以帮助人们快速识别、处理信息。然而,在处理随机事件和不确定性信息时,这种认知方式会导致聚类错觉的产生。

具体来说,聚类错觉形成的原因主要包括四个方面。

1. 忽略随机性

人们往往会忽略随机事件的不确定性和随机性,反而将其看作是有规律的、可预测的。这种认知方式导致人们高估某些事件的发生概率或低估其风险。

2. 忽略未被观察到的数据

在进行决策时，人们往往只考虑已经观察到的数据，而忽略未被观察到的数据。这种认知方式可能导致人们对随机事件的发生概率和风险做出错误判断。

3. 寻找模式和规律

人的大脑往往通过寻找模式和规律形成聚类和类别。然而，在处理随机事件和不确定性信息时，这种认知方式会导致聚类错觉的产生。

4. 经验和直觉的影响

人们的经验和直觉往往影响对随机事件的判断和决策，从而导致聚类错觉的产生。

在长期进化过程中，大脑形成一套对负面信息更加敏感的机制，这种机制使得人们倾向于记住那些不愉快的信息，因此对发生在自己身上倒霉的事印象更深刻。不幸一旦发生，就很容易留下深刻印象，被它折磨得越久，你就越会认为自己再次遭遇不幸的概率也随之变大。由于你长期被负面情绪困扰，有些已经发生的好事就被你忽略了。尽管好事和坏事每天都有可能发生，但一旦坏事发生，你就会把它和之前的坏事联系到一起，认为这些坏事的发生是有关联的，这种不幸的聚类错觉会占领你的心智，让你逐渐失去做某些事情的动力，即使这些事情的时间跨度较长，也不会改变你的看法。

怎样减少聚类错觉产生的消极影响

1. 了解随机性和不确定性

人们需要认识到随机事件的不确定性和随机性，弄清它们的本质。要运用科学的方法评估随机事件的发生概率和风险，而不是仅仅依赖自己的直觉和经验。

2. 收集更多的数据

人们需要收集更多的数据，以便全面地了解随机事件的分布情况和规律。在进行决策时，要考虑整个样本的分布情况，而不是只考虑已经观察到的少量数据。

3. 采用科学的方法

人们需要采用科学的方法来评估随机事件的发生概率和风险，例如概率论、统计学等。在进行决策时，也要用科学的方法评估风险、制定决策。

4. 质疑和反思

人们需要考虑不同的可能性和情况，以便全面地评估随机事件的发生概率和风险。还需要重视质疑和反思，以便及时发现和纠正可能存在的错误和偏见，不断提高自己的决策能力。

45

潜隐记忆:
有些事情总是感觉似曾相识

当初次抵达某处或初次从事某项工作时,你对当下的场景有似曾相识之感,对一切细节及可能发生的事都了然于胸,仿佛你之前历过这些事情。

2017年,《科学美国人》的一项调查表明,在被调查者中,超过2/3的人至少有过一次"似曾相识"的感觉,约有1/3的人有过多次类似的体验。

难道平行世界真的存在吗?当然这是不可能的。这是潜隐记忆在作祟。

什么是潜隐记忆

潜隐记忆是指人们不易察觉或无法明确回忆的记忆,包括过去的经历、想象、感受、情绪或知识等。这种记忆是一种关于以往经历和感受的、下意识的、非语言化的、难以表达的记忆,通常不受意识的控制,会在某种特定的情境下被触发。它可以是一种感觉、一种情绪、一种图像、一段话语,甚至是一段音乐。

显性记忆与潜隐记忆不同。显性记忆是人们有意识回忆和表达的记忆,例如回忆过去的事件、事实和信息;潜隐记忆通常是在下意识的情况下形成和表现出来的，对人们的行为和经验有潜在的影响。

潜隐记忆主要包括以下几个方面。

1. 过程性记忆

过程性记忆是指人们对于如何执行特定任务或技能的记忆。这种记忆是通过反复练习形成的，例如骑自行车、弹钢琴等技能。一旦掌握这些技能，人们就会在不经意间运用它们。

2. 条件反射记忆

条件反射记忆是指人们对于特定刺激和反应之间关联的记忆，是一种非意识的、自动的记忆。这种记忆是通过对特定刺激和反应进行多次重复训练形成的，例如对于某种声音或气味的条件反射性反应。

3. 无意识记忆

无意识记忆是指人们对于过去经历的记忆，它会在人们的行为、情绪和态度中表现出来。无意识记忆包括对过去事件的情感反应、偏好和习惯等。

潜隐记忆是如何产生的

遗忘是一个与记忆相对的概念。在接收、分析、整合、存放信息的过程中，总会有一些被遗忘的细节。在重新提取记忆的过程中，人们会重新组织被记住的信息，忽略被遗忘的细节，很容易产生错构或虚构。

潜隐记忆的产生与人脑对记忆的储存、加工过程相关。阅读、听歌、交谈、看风景……都会成为人们生命中的记忆。

当人们将那些关于过去记忆和新的想法混为一谈时，潜隐记忆就出现了。

潜隐记忆通常是不可控的，它通常在两种情形中出现：一是人的情感不稳定时，二是人在经历某些情景时。一般而言，越是与情感联系紧密的事物，越容易给人留下深刻的印象，所以人在情感不稳定时，产生潜隐记忆的可能性就很大。人到了特殊的时期，内分泌会有较大变化，情绪也比较容易出现波动，记忆力也会发生一些变化。在这种情况下，潜隐记忆很可能会出现。

潜意识记忆大多是在特定情景中产生的，并且大部分潜意识记忆都是被激发出来的。从童年开始，人们经历的每一件事，不管是否在潜意识当中，都会在脑海留下一道印记，在某些特定环境下，这些印记很有可能被人们的意识投影出来，形成一种潜在的记忆。

一个人如果在一段时间内接受了大量的信息，但没有注意这些信息的来源，也会产生潜隐记忆。但是这种熟悉感来自不同的渠道，有些是真的，有些是假的。比如，你看过一部小说，小说描绘了一个场景，然而随着时间的推移，你有可能忘记了描绘的内容，并在潜意识中把这些内容当作自己的真实记忆。

一些心理学家甚至指出，人们有时候根本不需要真实的记忆，大脑内部就有可能制造一种熟悉的感觉。这主要是因为大脑在对信息编码的过程中容易受个体对世界的理解与认知所限制而出现问题，导致记忆产生偏差。

因此，基于人们对世界的观念差异，每一件事情在不同个体中都会形成属于自己的记忆印记，这是出现记忆偏差的原因。同时，由于自我防御机制的作用，大脑会自动对记忆进行一系列的操作：记忆修正、记忆擦除和记忆重建。这些操作会使记忆脱离实际情况，与事实不符。

怎样避免潜隐记忆产生的不良影响

1. 注意信息的来源

尽量避免接触到可能产生潜隐记忆的信息源，以及避免接触可能导致不健康行为或态度的负面影响，包括避免观看暴力、恐怖等内容不健康的电影、电视节目和游戏。

2. 提高意识水平

尝试提高自己的意识水平，锻炼自己的思维和行为。通过自我反省和自我观察，判断自己的行为和决策是否受到潜隐记忆的影响。

借助多样化的学习和经历，减少对特定信息或经验的依赖。尝试多与他人交流，充分听取和借鉴他人的意见和经验，从他人的角度看待和评估自己的行为和决策，以便更加全面地认识自己，改进自己的思维方式、行为方式。

3. 寻求专业帮助

如果潜隐记忆为你的生活带来重大的负面影响，那么寻求专业帮助是一个有效的解决方案。心理治疗和药物治疗可以帮助你应对潜隐记忆带来的情绪问题与行为问题。

46

虚假记忆:
人类的记忆并不完全可靠

你记忆中的是"故天将降大任于斯人也",还是"故天将降大任于是人也"?在一项调查中,超过九成的受访者认为答案是前者,但各个版本的教材都是后者。

为什么会产生这样的情况呢?这和虚假记忆有一定关系。

什么是虚假记忆

虚假记忆是指人的大脑所储存的各种信息会自动地结合在一起,形成一种不真实的记忆,而这些记忆实际上并没有发生过或者与事实不符。虚假记忆通常是非故意的,它们的产生与记忆的可塑性、易受干扰性紧密相关。换句话说,人的记忆在外界信息、自身的期望、信念和情绪等因素的影响下,容易出现错误的记忆。

为了了解记忆的可塑性和误导性的特点,心理学研究人员对虚假记忆的形成和影响进行了广泛且深入的研究。1994年,美国心理学家伊丽莎白·洛夫特斯(Elizabeth Loftus)曾经做过一个经典的虚假记忆实验,证明人的记忆是可以被植入的。

伊丽莎白找了24个被试者。她先与这些被试者的亲属进行沟通,并了解到这些被试者在年幼时的一些生活片段。接下来,伊丽莎白从每个被试者的生活片段中随机择取3个真实片段,加上她捏造的1个"5岁时在商场走失,遇到好心老人"的片段,共同构成了4个记忆模块。

她告诉被试者:这些记忆模块都是他们在童年亲身经历过的事情,他们的亲人已经给出了证明。并要求被试者对这些事情补充细节,补充得越详细越好。

让她感到惊讶的是,在24人中,有6人(达到总人数的1/4)坚持认为"商场走失"这件事确实发生过。其中一人将整件事描述得非常具体:当时自己进了商场,只顾着买雪糕,结果和父母走散了,幸好一个好心的老人将自己送回到父母身边。在他的记忆中,那位老人身穿蓝色外衣,还戴着眼镜……

这样的结果让伊丽莎白啼笑皆非。她向实验对象坦白:"其实这4件事中有一件是我捏造出来的,请你把它圈出来。"直到此时,在这6个人当中仍然有5个人坚持自己幼年在商场走失过。

伊丽莎白的实验证明了记忆是不可靠的,是可以被植入和捏造的。

在记录信息时,大脑是刻意的、有选择性地进行,也就意味着人们的记忆在暗示性问题、干扰信息、个人经历和情绪因素的影响下,很容易出现歪曲、混淆的现象,有时甚至会无中生有。

虚假记忆产生的原因

1. 误导信息

当人们接收到与原本的记忆不一致的信息时，原本的记忆可能会受到误导。这些与原本的记忆不一致的信息可以是来自他人的错误信息、不准确的描述或引导性的问题，也可以是媒体、社交网络等渠道传递的虚假信息。

2. 想象力和幻觉

想象力和幻觉也会影响人们的记忆。当人们在想象某个事件或情境时，大脑可能会将这些想象的内容与记忆相混淆，人们就会错误地认为这些事情是发生过的。

3. 期望和信念

期望和信念也会影响记忆。如果人们有一种强烈的期望或信念，记忆可能会被调整，以适应自己的期望或信念，从而产生虚假记忆。

4. 记忆的可塑性

记忆不是静态的，而是可塑的。记忆由多个元素组成，包括感觉、情绪、意义等。这些元素可以相互作用，也可以相互干扰，使记忆发生变化和重构，产生虚假记忆。

很多人觉得自己的记忆就像一段视频，能够在每一次的回忆中，精确地回溯到某个时间点的特定片段。其实，人们的记忆更接近于信息编码的过程，其结果是捕捉到并存储了信息的部分碎片，这些碎片被分类和命名后，会储存在大脑中。一旦记忆碎片不完整，人们往往会依据自己的逻辑和习惯进行补充和修正，这导致虚假记忆的产生。同时，回忆过程类似信息的解码过程，出现错误也是难以避免的。

怎样避免被植入虚假记忆

1. 确保信息来源可靠

尽可能使用可靠的信息来源，比如权威的新闻媒体或者学术出版物，避免被误导或者受到心理暗示的影响。人们也要学会甄别社交媒体和网络传播的信息，进行适当的分析和评价，因为这些信息可能存在夸大事实、歪曲事实甚至捏造事实的情况，误导人们的判断和决策。

2. 保持警觉

在很多情况下，即使只是一种微妙而含糊的暗示，也可能导致虚假记忆的形成。这种暗示可能经历了以下过程：信息被误解，误解产生后又被强化，或者在传播过程中被有意无意地夸大或者歪曲。所以，人们要始终保持警惕，学会质疑信息的可靠性，避免受到他人利用心理暗示或其他控制技巧的影响而被植入虚假记忆。

3. 避免情绪影响

情绪可能会让大脑产生虚假记忆，所以人们要尽可能地保持冷静和理性，不被情绪控制。如果处于压力环境中，就尽量让自己处于放松的状态，避免出现错误的记忆。最好的方法是：不要过于依靠自己的记忆，要同其他人的记忆对照并找出客观资料。人们只有保持清醒的头脑和客观的态度，保持自己的独立思考和较强的判断能力，才能避免虚假记忆的影响。

47

衰落主义：
过去总是美好的，未来总是衰败的

你可能听过这样的话:"现在的年轻人不能吃苦,我们那个时候要养活好几口人都没有喊累。""在我们那个时代,孩子更尊重家长、懂礼貌,现在的孩子真是一点儿礼貌都没有。"

难道社会真的退步了?当然不是。这些人可能受到了衰落主义的影响。

什么是衰落主义

衰落主义是指一些人倾向于将过去浪漫化,并消极地看待未来,认为社会总体上正在衰退。简单来说,一些人认为过去是美好的,未来是衰败的。

衰落主义得到了一些人的认同,原因是现代文明本身存在许多问题。例如,环境破坏、人口过剩、战争等问题困扰着人类社会,以及新技术的引入、社会结构的变化等因素不断影响着人类社会的稳定和发展。在这样一个复杂的背景下,人们往往产生失望或脆弱的情绪,怀疑自己和社会的未来以及生存的价值。

衰落主义的成因

1. 对过去美好生活的幻想

每个时代都有它的特性，随着时代的发展，人们会慢慢忘记过去的事情，也会慢慢地接受新事物。然而人们总是喜欢把事情往美好的方向想，很容易把自己想象出来的美好生活和过去的生活画面联系在一起。比如我们常说的"如果我们当时怎么样，现在就不会怎么样了"。这就是人们陷入衰落主义认知偏差的表现。

2. 媒体的影响

人类的大脑存在着一种内在的负面偏见，倾向于关注负面的事件、负面的情绪，以及"坏"的事情。在这种认知偏差的影响下，我们往往会给负面的事物和负面的情绪赋予更多的权重，并将注意力聚焦在这些负面信息上。我们如果没有意识到这种现象，并且没有有意识地控制它，就很容易陷入负面情绪的深渊。

同时，媒体作为信息传播的媒介，为了吸引更多的流量，也会利用这种负面偏见，不断推送更多的负面信息，以激发用户的好奇心和焦虑情绪。在这个过程中，用户也会因为获得更多的负面信息而受到更多的影响，陷入恶性循环之中。

怎样避免衰落主义产生的负面影响

1. 理解并接受衰落主义

要理解和接受衰落主义，要对它的产生原因有一定了解，消除对它的误解，既可以是认知上的纠正，也可以是行为上的改变。

一是认知上的纠正。我们可以对生活中一些事件进行梳理，比如过去发生过什么？有哪些美好的记忆？哪些是我们可以铭记的？哪些是不想记起的、不愿回忆的、无法忘记的或无法改变的？

二是行为上的改变。改变才有希望，否则会给自己增添烦恼。做出改变需要一定的思考过程和能力，不要被别人的观点所影响。

2. 避免因衰落主义而带来的负面情绪

受衰落主义的影响，人们难免会产生负面情绪。怎样避免衰落主义产生的负面情绪？可以通过下面的方法进行调整。

首先，多与人沟通交流。通过交流来帮助自己找到正确判断事物、解决问题的方法。

其次，多运动。运动是缓解压力、增进身心健康最好的方法之一。运动让大脑释放内啡肽和多巴胺，帮助人们调节情绪，也可以提高肌肉耐力和身体控制能力，实现身心健康。

最后，减少负面情绪。比如，多做几次深呼吸用来调整情绪，把自己想象成一个乐观、积极的人。

3. **对未来保持信心**

怀念过去虽然不能改变未来，但是可以激励人们追求美好的未来，增强人们对未来的信心。比如，迅速发展的科技能够让人们过上更加便利的生活，预见美好的未来。因此，人们要用积极乐观的心态思考和面对当下，不断地追求自己的理想，对未来充满信心。

48

道德运气：
成功人士一定具有高尚的道德

有人认为，成功人士一定拥有高尚的道德情操，他们说过的话、做过的事也都是正确的。然而成功者一定拥有高尚的道德吗？他们说过的话、做过的事一定都是正确的吗？

事实并非如此，只不过很多人都进入了道德运气这一误区之中。

什么是道德运气

道德运气是一种典型的认知偏差。它是指优异的结果会提高人们对其道德的评价，反之亦然的现象。在许多情况下，人们会相信成功者的言行，认为他们必然具备高尚的道德。但是道德和成功并不是同一个概念，它与一个人的财富、地位和名声也没有必然的联系。道德源于人们内心深处的价值观和信仰，是一种关于良心和责任的准则。

比如，一双20元的布鞋，如果是名人穿，有的人会认为他们低调、朴素；如果是普通人穿，人们则不会加以评价。人们对于道德的评价也是如此。有些人会给成功人士贴上"道德高尚"的标签，忽视他们的其他行为。然而，实际情况往往是"有德之人未必都能取得成功，成功人士也未必都具有高尚的道德"。

这种将成功与道德深度捆绑的认知偏差往往造成两个极端的后果：强者道德论和弱者有罪论。这两个后果在生活中表现为，一些人认为有钱人的道德水平很高，贫穷的人道德水平很低。

怎样避免道德运气的产生

1. **关注道德品质而非结果**

人们应该从更细致的方面观察和评价一个人的道德品质。例如，对方是否有良好的行为举止、是否遵守法律法规、是否尽到公民的责任等。这些方面的评价能够较为客观、真实地反映出一个人的道德水准。

2. **不被表象迷惑**

尽管成功者往往被赋予道德高尚的标签，然而成功与道德高尚并没有必然的联系。人们需要明确，非道德因素是影响成功的重要因素，例如机遇、人脉、资源等。

3. **多角度、客观地观察**

人们要尽可能全面地了解和评价一个人，同时保持客观。在全面了解和评价的过程中，人们要尽可能地使用批判性思维和公正的态度。在评判一个人时，人们应该充分尊重事实，避免受先入为主或者情感偏见的影响。同时，要充分考虑不同因素可能产生的影响，如环境、个人经历、认知和行为等。

49

朴素现实主义:
只有我自己看到了世界的真相

你可能会遇到这样的人：遇到行车速度比他慢的，他就认为对方驾驶技术不行；遇到行车速度比他快的，他就说对方没素质。在他眼里，只有他是这条路上唯一的好司机，所有人都应该像他一样驾驶。

有这些想法和朴素现实主义有一定的关系。

什么是朴素现实主义

朴素现实主义是指人们习惯相信自己观察到的是客观事实，是事物的本来面目。在他们的眼里，他人对事物的观察往往是缺乏理性的、不知情的或持有偏见的。人们并不认为自己的情绪、过去的经历及文化认同会影响自己感知世界的方式，并相信他人也和自己一样，会用同样的方式看待世界。朴素现实主义是一种以自我为中心的认知偏差，它使人们难以理解他人的观点，并由此引发争论，产生两极分化。

早在19世纪90年代，美国心理学家库尔特·勒温（Kurt Lewin）就对朴素现实主义有所研究。他认为，人们的行为会受心理环境的影响，这意味着人们的行为感知是主观的，而不是客观的。尽管勒温当时并没有提出"朴素现实主义"这一概念，却激发了人们对感知与物质世界之间关系的研究。

直到1996年，斯坦福大学的心理学教授李·罗斯和安德鲁·沃德（Andrew Ward）才正式提出了"朴素现实主义"的概念。对此他们还做了一项研究，就当时的一些热点问题进行随机调查。研究发现，被调查者认为自己的观点是由理性思考塑造的，而不是偏见思维塑造的。

该研究还发现，被调查者对同龄人的评价完全依赖于他们对相似观点的感知。当被调查者阅读与他们志趣相投的同龄人的问卷时，他们认为其同龄人对问卷的答案是出于理性驱动，而不是偏见驱动。相反，当他们阅读与自己观点不同的同龄人的问卷时，则认为那些人是在没有经过理性的思考的情况下，做出的草率的甚至错误的回答。

人们在构建自己的知识体系时，会受朴素现实主义的影响，进而强化现有的信念，从而偏好某一类信息。社交媒体算法也会向人们显示更多的同类内容，这更容易导致信念偏差，形成信息茧房。

如果人们无法意识到自己可能对事物存在偏见，一旦他人的看法和自己的看法不一致，就会认为他人的看法是错误的、愚蠢的。正是由于这种偏见，人们往往会忽视或者排斥那些与自己观点相反却真实的信息，无法从不同的视角看待事物。

朴素现实主义的认知偏见容易导致人们不能从多个角度看问题，而是以片面化的和简单化的视角看待世界，从而失去改变和进步的机会。

怎样避免成为朴素现实主义者

1. 避免仓促判断

人们一旦对一个人、一件事形成第一印象，即使再补充新的且反差大的信息，也很难形成新的看法。因此，在对某人或某事件进行判断之前，尽量考虑全面，避免仓促地下结论。

2. 弄清对方的想法

通常我们只想让对方了解自己的看法，却忽略了对方的感受和意图。当我们意识到自己与他人的观点不同时，最好弄清对方的想法，这有助于人际交往，对其他工作也会有所帮助。

3. 寻找反面信息

我们如果已经假定事件的发生、观点的形成都建立在自己掌握的信息基础之上，就会找一些事实用来证明自己的观点，但这可能会让自己陷入不必要的矛盾。所以我们要找一些反面观点，思考这些观点在哪些情况下才能成立，这会提高我们的创造力和解决问题的能力。

4. 不要总是想弄清楚谁是对的

不要把解决分歧看作一次证明自己正确、别人错误的机会，要在双方共同配合的基础上，努力找到产生分歧的根源，从而消除分歧，达成共识。

5. 站在对方的角度考虑问题

并非所有人的观点、价值体系都是一致的。所以，我们要站在对方的角度思考问题，承认双方的生活背景、文化、经历存在差异，才能做到相互理解，尽可能地减少朴素现实主义带给我们的负面影响。

50

朴素犬儒主义：
不要用"为你好"要求他人

有些人总是喜欢打着"为你好"的旗号对他人的生活加以干涉。其实，这种"好人"是需要提防的，或许他们陷入了朴素犬儒主义的认知偏差当中。

什么是朴素犬儒主义

朴素犬儒主义是指人们确信自我观察所揭示的是客观真相，而他人的观点则存在个人主义偏见的现象。这种偏差容易形成个人中心意识，让人强化自己的观点，最终形成信息茧房。看似客观的观点，实则是偏颇的、片面的、狭隘的，当事人却深陷其中不自知。

完美的人是不存在的，你的观点未必能指导别人的人生。然而，生活中总有许多人站在"过来人"的角度，凭借自己的经验肆无忌惮地指点别人的生活。

有人曾经说过这样一句话：有多少伤害是以"为你好"的名义做出的。大家不难发现，身边或多或少有一些经常把"我都是为你好"挂在嘴边的人，他们习惯于对他人的生活指手画脚，甚至直接干涉他人的生活。他们往往不顾他人的感受，只按照自己的经验，站在自己的立场，并以过来人的身份评判他人，而不是站在他人的角度，或者站在客观的立场辩证地思考问题。这种行为会对他人造成困扰，甚至会给他人带来负担。

每个人的发展状况不同，价值观不同，接受的考验也不同，那些活得比较通透的人是不会用自己的三观要求他人的。

怎样避免朴素犬儒主义的产生

1. 保持开放的心态

有人将年龄与经验、认知联系起来，认为年长之人拥有丰富的阅历和经验，当到了一定的年龄之后，他们就不愿意学习新知识，开始故步自封。

要想让自己的生活丰富多彩，就要有一颗积极向上、开放的心，多接触新事物。不要盲目地抗拒新事物，也不要对新事物抱有偏见，要开阔自己的视野，从而避免一成不变的思维模式。

2. 独立思考

我们不能盲目地跟随他人，要学会独立思考，要用理智对待人和事，不能因为自己的情绪，对他人及其他事物产生偏见。

3. 学会尊重他人

人生的每个阶段都有不同的际遇，所以不要对他人妄加干涉，也不要随意评判。每个人都有自己坚持的事情和原则，都有自己选择生活方式的权利，也有承受风险和承担责任的范围与界限。理解他人是一种选择，宽容是一种修养，包容是一种美德。我们要学会尊重他人的选择，并尽可能地做好自己分内的事情。

参考书目

[1] 韦来生，张伟平.贝叶斯分析[M].合肥：中国科学技术大学出版社，2013.

[2] 周岭.认知觉醒：开启自我改变的原动力[M].北京：人民邮电出版社，2020.

[3] 陈允皓.富兰克林效应[M].长沙：湖南文艺出版社，2021.

[4] 古斯塔夫·勒庞.乌合之众[M].冯克利，译.北京：中央编译出版社，2005.

[5] 赫什·舍夫林.超越恐惧和贪婪：行为金融学与投资心理诠释[M].贺学会，主译.上海：上海财经大学出版社，2005.

[6] 西格蒙德·弗洛伊德.自我与本我[M].林尘，张唤民，陈伟奇，译.上海：上海译文出版社，2011.

[7] 丹尼尔·卡尼曼.思考，快与慢[M].胡晓姣，李爱民，何梦莹，译.北京：中信出版集团，2012.

[8] 纳西姆·尼古拉斯·塔勒布.随机漫步的傻瓜：发现市场和人生中的隐藏机遇[M].盛逢时，译.北京：中信出版集团，2012.

[9] 吉莉恩·巴特勒，弗雷达·麦克马纳斯.生活中的心理学[M].韩邦凯，译.南京：译林出版社，2013.

[10] 茱莉亚·肖.记忆错觉:记忆如何影响了我们的感知、思维与心理[M].李辛,译.北京:北京联合出版公司,2017.

[11] 丹·艾瑞里.怪诞行为学:可预测的非理性[M].赵德亮,夏蓓洁,译.北京:中信出版集团,2017.

[12] 莉萨·兰金.安慰剂效应[M].刘文,译.北京:北京联合出版公司,2017.

[13] 冈田尊司.奇葩心理学[M].罗佩,译.北京:文化发展出版社,2017.

[14] 理查德·塞勒."错误"的行为:行为经济学的形成[M].王晋,译.北京:中信出版集团,2018.

[15] 史蒂芬·平克.当下的启蒙[M].侯新智,欧阳明亮,魏薇,译.杭州:浙江人民出版社,2018.

[16] 史蒂文·斯洛曼,菲利普·费恩巴赫.知识的错觉:为什么我们从未独立思考[M].祝常悦,译.北京:中信出版集团,2018.

[17] 约瑟夫·哈利南.盲点:为什么我们易被偏见左右?[M].赵海波,译.北京:中信出版集团,2019.

[18] 阿尔弗雷德·阿德勒.理解人性[M].江月,译.北京:中国水利水电出版社,2020.

[19] 阿尔弗雷德·阿德勒.自卑与超越[M].江月,译.北京:中国水利水电出版社,2020.

[20] 丹尼尔·韦格纳,库尔特·格雷.人心的本质[M].黄珏苹,译.杭州:浙江教育出版社,2020.

[21] 戈登·奥尔波特.偏见的本质[M].凌晨,译.北京:九州出版社,2020.

[22] 贾森·茨威格.投资的怪圈：成为洞察人性的聪明投资者[M].蒋宗强,译.北京：中信出版集团,2020.

[23] 罗宾·斯特恩.煤气灯效应：如何认清并摆脱别人对你生活的隐性控制[M].刘彦,译.北京：中信出版集团,2020.

[24] 罗森维.光环效应：商业认知思维的九大陷阱[M].李丹丹,译.北京：中信出版集团,2020.

[25] 克劳德·M.斯蒂尔.刻板印象：我们为何歧视与被歧视[M].陈默,译.北京：民主与建设出版社,2021.

[26] 奥利维耶·西博尼.偏差[M].贾拥民,译.北京：中国财政经济出版社,2022.

[27] 大卫·邓宁.为什么越无知的人越自信？从认知偏差到自我洞察[M].刘嘉欢,译.北京：中译出版社,2022.

[28] 荣格.心理类型[M].徐志晶,译.北京：中国水利水电出版社,2022.

[29] 埃略特·阿伦森,蒂莫西·D.威尔逊,塞缪尔·R.萨默斯.社会心理学（第10版）[M].侯玉波,曹毅,等译.北京：人民邮电出版社,2023.

[30] 凯瑟琳·A.桑德森.旁观者效应[M].张蔚,译.杭州：浙江人民出版社,2023.